Transformación de la economía y empleo, cómo la ia está cambiando la dinámica laboral y adaptación de las personas a este nuevo entorno económico

Inteligencia Artificial, Volume 2

Daniel Senior

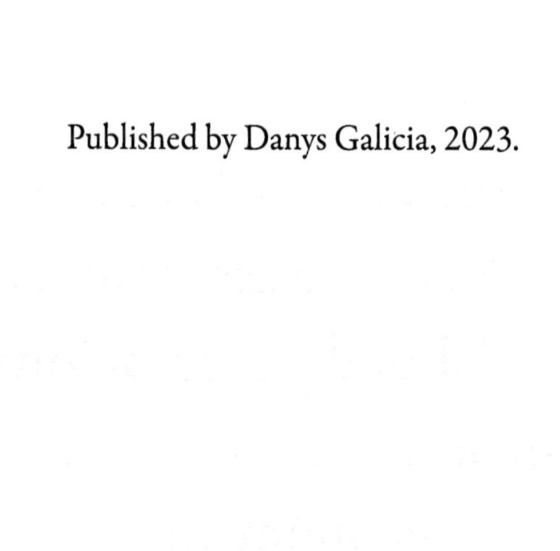

Published by Danys Galicia, 2023.

TRANSFORMACIÓN DE LA ECONOMÍA Y EMPLEO: Cómo la IA está cambiando la dinámica laboral y adaptación de las personas a este nuevo entorno económico.

Daniel Senior

Primera edición: octubre 2023.

Plataforma editorial.
Urbanización Rafael Urdaneta, Avenida /6 Casa N° 17, estado Aragua-Venezuela.
Impreso en todo el mundo.
Ilustraciones en páginas interiores: adaptadas por el autor.
Diseño de cubierta e imágenes: Danys Galicia, diseñador gráfico.

TRANSFORMACIÓN DE LA ECONOMÍA Y EMPLEO, CÓMO LA IA ESTÁ CAMBIANDO LA DINÁMICA LABORAL Y ADAPTACIÓN DE LAS PERSONAS A ESTE NUEVO ENTORNO ECONÓMICO

First edition. November 18, 2023.

ISBN: 979-8223950189

Written by Daniel Senior.

Tabla de Contenido

DESCARGO DE RESPONSABILIDAD

TRANSFORMACIÓN DE LA ECONOMÍA Y EMPLEO: Cómo la IA está cambiando la dinámica laboral y adaptación de las personas a este nuevo entorno económico.

Este libro está diseñado para proporcionar información a nuestros lectores. Se vende con el bien entendido de que el autor no se dedica a prestar ningún tipo de consejo psicológico, legal o ningún otro tipo de asesoramiento profesional. El contenido de cada capítulo es la sola expresión y opinión de su autor. No hay ninguna garantía expresa o implícita por elección del editor o del autor incluida en ninguno de los contenidos de este volumen.

Ni el editor ni el autor individual serán responsables de los daños y perjuicios físicos, psicológicos, emocionales, financieros o comerciales, incluyendo, sin exclusión de otros, el especial, el incidental, el consecuente u otros daños.

Introducción

En el amanecer del siglo XXI, la humanidad se encuentra en medio de una revolución sin precedentes: la revolución de la inteligencia artificial. Este fenómeno tecnológico ha permeado cada rincón de nuestra sociedad, transformando no solo la forma en que vivimos, sino también la manera en que trabajamos y prosperamos.

En estas páginas, nos embarcamos en un viaje a través de la intersección entre la economía, el empleo y la Inteligencia Artificial (IA), explorando cómo estas fuerzas convergen para moldear el paisaje laboral del presente y del futuro cercano. Desde la automatización de tareas rutinarias hasta la creación de nuevas oportunidades, la IA se ha convertido en el catalizador de una era de cambio acelerado.

Esta obra es una guía esencial para entender los desafíos y oportunidades que surgen en este contexto de transformación económica. Analizaremos las implicancias de la IA en diversas industrias, desde la manufactura hasta la atención médica, y examinaremos las habilidades y mentalidades que las personas necesitarán para prosperar en este nuevo entorno.

A medida que la economía y el empleo se reinventan, es imperativo que adaptemos nuestras perspectivas y estrategias. Este libro busca proporcionar el conocimiento y las perspicacias necesarias para no solo sobrevivir, sino prosperar en la era de la IA, donde la adaptabilidad y la creatividad se convierten en moneda corriente.

Prepárese para un viaje revelador que lo llevará a través de los pasillos de la economía transformada y lo equipará con las herramientas para navegar por este nuevo horizonte laboral con confianza y determinación.

La Economía en la Era de la IA

La IA está transformando diversos aspectos de la economía, desde la producción y el consumo hasta la distribución y la regulación.

Está impulsando la automatización en muchos sectores, lo que puede llevar a aumentos significativos en la productividad. Las tareas rutinarias y repetitivas pueden ser realizadas de manera más eficiente por sistemas de IA, liberando a los trabajadores para tareas más creativas y estratégicas.

Aunque la IA puede aumentar la productividad, también puede desplazar a trabajadores cuyas tareas son fácilmente automatizables. Esto destaca la importancia del reentrenamiento y la adquisición de habilidades para adaptarse a las nuevas demandas del mercado laboral.

Permite la creación de nuevos modelos de negocio basados en datos y análisis avanzados. Por ejemplo, las empresas pueden ofrecer servicios personalizados y recomendaciones precisas a través del procesamiento de grandes cantidades de información.

La IA permite la personalización a una escala sin precedentes. Las empresas pueden utilizar la IA para comprender mejor las preferencias y necesidades individuales de los clientes, ofreciendo productos y servicios más relevantes y adaptados.

Puede mejorar la gestión de inventarios, la planificación de rutas y la logística en general, lo que conduce a una distribución más eficiente y costos reducidos.

Plantea desafíos éticos y regulatorios, como la toma de decisiones autónoma y la responsabilidad en caso de errores. También se plantean preguntas sobre la privacidad y la seguridad de los datos.

Las empresas que pueden aprovechar al máximo la IA pueden ganar ventajas competitivas significativas, lo que puede llevar a una mayor concentración de mercado. Esto puede tener implicaciones para la competencia y la innovación en algunos sectores.

Si no se aborda adecuadamente, la adopción de la IA podría exacerbar las desigualdades económicas y la brecha digital. Es esencial asegurarse de que todos tengan acceso y la capacitación necesaria para beneficiarse de las tecnologías emergentes.

A pesar de la automatización, la Era de la IA también crea nuevas oportunidades de empleo en áreas como el desarrollo y mantenimiento de sistemas de IA, la ética de la IA, la interpretación de resultados y la toma de decisiones basada en la IA.

La IA es un campo en constante evolución. La inversión en investigación y desarrollo es esencial para seguir avanzando y aprovechar al máximo el potencial de la tecnología.

Se puede afirmar que la IA está reconfigurando fundamentalmente la economía global. Para aprovechar al máximo sus beneficios y abordar los desafíos que plantea, es necesario un enfoque colaborativo entre gobiernos, empresas y la sociedad en su conjunto. Esto implica la formulación de políticas efectivas, la inversión en educación y formación, y la promoción de una ética sólida en la implementación de la IA.

El Impacto de la Tecnología en el Empleo a lo Largo de la Historia

Ha sido una constante evolución que ha transformado radicalmente la forma en que trabajamos y los tipos de trabajos disponibles.

La Revolución Industrial (fines del siglo XVIII y principios del XIX fue uno de los momentos más significativos en la historia del empleo. La introducción de maquinaria y tecnologías de producción en masa llevó a una disminución en la demanda de trabajadores agrícolas y artesanos, mientras que la industria manufacturera experimentó un auge. La urbanización creció a medida que las personas se trasladaban a las ciudades en busca de empleo en fábricas.

La Revolución de la Información (mediados del siglo XX hasta finales del siglo XX), la introducción de la computadora y la automatización de procesos en oficinas y fábricas redujo la demanda de trabajadores administrativos y de ensamblaje en muchas industrias. Sin embargo, también creó una demanda significativa de trabajadores en tecnología de la información y en campos relacionados con la informática.

La Era de Internet y la Revolución Digital (finales del siglo XX hasta la actualidad), y la conectividad global ha tenido un impacto masivo en la economía y el empleo. Por un lado, se han creado empleos completamente nuevos en áreas como el desarrollo web, marketing digital, análisis de datos y gestión de redes sociales. Por otro lado, ciertas industrias han disminuido, como la venta al por menor tradicional debido al auge del comercio electrónico.

La automatización y el uso de robots en la industria manufacturera, logística y otros sectores han llevado a una disminución en la demanda de trabajos manuales repetitivos. Sin embargo, también ha generado una necesidad creciente de ingenieros y técnicos especializados en el diseño y mantenimiento de sistemas automatizados.

La creciente sofisticación de la inteligencia artificial y el aprendizaje automático está teniendo un impacto significativo en una amplia gama de industrias. Esto está permitiendo la automatización de tareas cognitivas y creativas, lo que puede afectar a trabajos en áreas como la atención al cliente, el análisis de datos, la medicina y el transporte.

La tecnología ha sido una fuerza motriz en la transformación del empleo a lo largo de la historia. Aunque ha eliminado ciertos tipos de trabajos, también ha creado nuevas oportunidades laborales en campos emergentes. La adaptabilidad y la adquisición de nuevas habilidades se han vuelto fundamentales para los trabajadores en un mundo cada vez más tecnológico.

La Revolución Digital y su Influencia en la Economía Global

Se refiere al rápido avance de la tecnología de la información y la comunicación (TIC) que ha transformado fundamentalmente la forma en que vivimos, trabajamos y hacemos negocios. Ha tenido un impacto significativo en la economía global en varios aspectos.

La Revolución Digital ha transformado industrias enteras. Por ejemplo, la música y la industria del cine han experimentado cambios radicales con la llegada de plataformas de streaming, y la industria minorista ha visto una migración masiva hacia las compras en línea.

La tecnología ha permitido a las empresas innovar y desarrollar productos y servicios de manera más rápida y eficiente. Esto ha llevado a un aumento de la competencia, ya que las barreras de entrada en muchas industrias se han reducido.

La Revolución Digital ha facilitado la comunicación y el intercambio de información a nivel global. Las empresas pueden operar en múltiples países sin la necesidad de una presencia física, lo que ha impulsado la globalización económica.

La automatización de procesos ha aumentado la eficiencia en muchas industrias. Por ejemplo, en la manufactura, la automatización ha llevado a una mayor productividad y a una reducción de costos.

Plataformas digitales como Uber, Airbnb y Amazon han creado nuevas formas de trabajo y generación de ingresos, dando lugar a la llamada "Gig Economy" o economía de trabajadores independientes.

El acceso a grandes cantidades de datos (Big Data) ha permitido a las empresas tomar decisiones más informadas y personalizar sus productos y servicios para satisfacer las necesidades de los consumidores de manera más precisa.

Aunque la Revolución Digital ha creado oportunidades, también ha llevado a desafíos como la desigualdad económica y el desplazamiento laboral. Algunos trabajos han sido automatizados, lo que ha llevado a la reestructuración del mercado laboral.

La tecnología blockchain y las criptomonedas han revolucionado el sector financiero, permitiendo transacciones más seguras y descentralizadas, así como la creación de nuevas formas de financiamiento a través de las Ofertas Iniciales de Monedas (ICO).

El comercio electrónico ha experimentado un crecimiento exponencial, permitiendo a las empresas llegar a clientes en todo el mundo sin la necesidad de una presencia física en esos mercados.

La Revolución Digital ha planteado preocupaciones sobre la seguridad cibernética y la privacidad de los datos. Las amenazas cibernéticas y la protección de la información se han convertido en áreas de enfoque crítico.

La Revolución Digital ha tenido un impacto profundo en la economía global, creando oportunidades significativas pero también desafíos importantes que requieren una adaptación continua por parte de empresas, gobiernos y la sociedad en general.

La Disrupción Tecnológica y sus Efectos en los Mercados Laborales

Este fenómeno ha tenido un impacto profundo en los mercados laborales de todo el mundo.

La automatización de tareas rutinarias y repetitivas ha llevado a la sustitución de empleos en sectores como la manufactura, la agricultura y algunos servicios. Los robots y los sistemas de inteligencia artificial están desempeñando roles que anteriormente realizaban los trabajadores humanos.

Aunque la tecnología ha eliminado ciertos trabajos, también ha creado otros nuevos. Por ejemplo, la demanda de profesionales de la tecnología de la información, científicos de datos y expertos en ciberseguridad ha aumentado significativamente.

Las habilidades que son valiosas en el mercado laboral están cambiando. Se valoran cada vez más habilidades como el pensamiento analítico, la resolución de problemas, la creatividad y la adaptabilidad, junto con habilidades técnicas específicas.

La disrupción tecnológica puede ampliar las brechas de habilidades. Aquellos que no tienen acceso a la educación o la formación necesaria para adquirir nuevas habilidades pueden enfrentar desafíos en el mercado laboral.

La tecnología ha permitido formas de trabajo más flexibles, como el trabajo remoto y el trabajo independiente. Plataformas digitales y aplicaciones han facilitado la conexión entre trabajadores y empleadores de manera más eficiente.

Algunos sectores han experimentado un cambio más dramático debido a la tecnología. Por ejemplo, el comercio minorista se ha visto afectado por el auge del comercio electrónico, lo que ha llevado a la transformación de empleos en ese sector.

La rapidez con la que la tecnología está evolucionando significa que los trabajadores deben estar dispuestos a aprender y adaptarse constantemente a las nuevas tecnologías y herramientas.

La disrupción tecnológica también plantea cuestiones éticas y de regulación, especialmente en áreas como la privacidad de los datos, la inteligencia artificial y la automatización de decisiones.

La disrupción tecnológica puede tener un impacto en la economía global al cambiar la ventaja competitiva de los países y reconfigurar las cadenas de suministro.

La disrupción tecnológica ha transformado profundamente los mercados laborales, creando oportunidades y desafíos tanto para los trabajadores como para las empresas. La adaptación y la preparación para estos cambios son fundamentales para mantenerse competitivo en el mundo laboral actual.

Fundamentos de la Inteligencia Artificial y Aprendizaje Automático

Son conceptos clave en el campo de la informática y la ciencia de datos.

INTELIGENCIA ARTIFICIAL (IA).

Se refiere a la capacidad de una máquina o sistema para imitar la inteligencia humana y realizar tareas que normalmente requerirían la intervención de seres humanos. Esto implica la capacidad de aprender, razonar, percibir, comprender y tomar decisiones.

ÁREAS CLAVE DE LA IA.

1. Aprendizaje Automático (Machine Learning): Una subárea de la IA que se centra en el desarrollo de algoritmos y modelos que permiten a las computadoras aprender de datos y realizar tareas sin ser explícitamente programadas.

2. Visión por Computadora: Se refiere a la capacidad de una máquina para interpretar y comprender el contenido visual, como imágenes o videos.

3. Procesamiento del Lenguaje Natural (NLP): Implica la capacidad de las máquinas para entender, interpretar y generar lenguaje humano en forma hablada o escrita.

4. Robótica: Combina hardware y software para crear sistemas que pueden interactuar físicamente con el entorno.

5. Sistemas Expertos: Utilizan conocimiento experto para resolver problemas en un dominio específico.

APRENDIZAJE AUTOMÁTICO (MACHINE LEARNING).

Es una rama de la Inteligencia Artificial que se centra en desarrollar algoritmos y modelos que permiten a las computadoras aprender de datos y mejorar con la experiencia. Está basado en el principio de que las máquinas pueden aprender patrones a partir de datos y tomar decisiones sin intervención humana explícita.

TIPOS DE APRENDIZAJE AUTOMÁTICO.

1. **Aprendizaje Supervisado:** Se proporciona al algoritmo un conjunto de datos etiquetados que incluye entradas y salidas esperadas. El algoritmo aprende a mapear las entradas a las salidas.

2. **Aprendizaje No Supervisado:** El algoritmo se entrena con un conjunto de datos no etiquetados y debe descubrir patrones o estructuras por sí mismo.

3. **Aprendizaje por Reforzamiento:** El algoritmo aprende a través de la interacción con un entorno. Recibe recompensas o castigos según sus acciones y ajusta su comportamiento para maximizar la recompensa.

APLICACIONES DEL APRENDIZAJE AUTOMÁTICO.

- **Clasificación y Predicción:** Clasificación de elementos en categorías o predecir valores numéricos.
- **Agrupamiento (Clustering):** Identificar patrones y agrupar elementos similares en conjuntos.
- **Recomendación:** Sugerir productos o contenido basado en el historial y preferencias del usuario.
- **Procesamiento de Imágenes y Visión por Computadora:** Reconocimiento facial, detección de objetos, entre otros.
- **Procesamiento del Lenguaje Natural (NLP):** Traducción automática, análisis de sentimientos, chatbots, etc.

Estos son solo los fundamentos y hay muchos conceptos más avanzados y técnicas dentro de la IA y el Aprendizaje Automático. Si deseas información más detallada sobre algún aspecto específico, ¡no dudes en preguntar!

Aplicaciones Prácticas de la IA en la Economía Actual

La Inteligencia Artificial (IA) tiene una amplia gama de aplicaciones prácticas en la economía actual.

Conoce algunas de las formas en las que la IA está impactando diversos aspectos de la economía:

1. Predicción y Análisis del Mercado Financiero:

- Trading Algorítmico: Utiliza algoritmos de IA para tomar decisiones de compra y venta de activos financieros en fracciones de segundo.
- Predicción de Precios: Utiliza modelos de IA para predecir tendencias de precios en mercados de acciones, divisas, criptomonedas, etc.
- Gestión de Carteras: Ayuda a los gestores de fondos a optimizar sus carteras y a tomar decisiones informadas sobre inversiones.

2. Atención al Cliente y Experiencia del Usuario:

- Chatbots y Asistentes Virtuales: Resuelven consultas, proporcionan información y asisten a los clientes las 24 horas del día.
- Personalización de Experiencia: Utiliza IA para recomendar productos y servicios a clientes basados en sus preferencias y comportamientos anteriores.

3. Automatización y Optimización de Procesos Empresariales:

- Automatización de Tareas Repetitivas: La IA puede hacer tareas como procesamiento de datos, clasificación de correos electrónicos, etc.
- Gestión de la Cadena de Suministro: Optimiza la logística, el inventario y la planificación de la producción.

4. Economía del Comportamiento y Marketing:

- Análisis de Sentimiento: Analiza el sentimiento de los clientes en redes sociales y comentarios en línea para comprender sus preferencias y opiniones.

- Pricing Dinámico: Ajusta los precios en tiempo real basados en la demanda y otros factores.

5. Sector de la Salud y Farmacéutico:

- Diagnóstico Médico: Ayuda en la interpretación de imágenes médicas y en el diagnóstico de enfermedades.

- Desarrollo de Fármacos: Agiliza el proceso de descubrimiento y desarrollo de nuevos medicamentos.

6. Recomendaciones y Personalización de Contenido:

- Plataformas de Streaming y Comercio Electrónico: Utiliza IA para sugerir películas, música, productos, etc., basados en los gustos del usuario.

7. Seguridad y Prevención de Fraudes:

- Detección de Fraudes Financieros: Utiliza IA para identificar patrones anómalos en transacciones que puedan indicar actividades fraudulentas.

8. Optimización de Recursos Energéticos:

- Gestión de Redes Eléctricas: Utiliza IA para equilibrar la oferta y la demanda de energía y prevenir cortes de energía.

9. Transporte y Logística:

- Conducción Autónoma: Desarrollo de vehículos autónomos que pueden mejorar la eficiencia del transporte.

- Planificación de Rutas y Logística: Optimización de rutas de entrega y gestión de flotas.

10. Educación y Formación Personalizada:

- Plataformas de Aprendizaje en Línea: Utiliza IA para personalizar el contenido educativo y adaptarlo a las necesidades individuales de los estudiantes.

Estas son solo algunas de las muchas formas en las que la IA está impactando la economía actual. Es importante tener en cuenta que el despliegue de la IA también plantea desafíos éticos y regulatorios que deben ser considerados en su implementación.

Ética y Responsabilidad en el Desarrollo de la Inteligencia Artificial

Son puntos de vital importancia en la actualidad. A medida que la IA se integra en diversos aspectos de nuestras vidas, desde la atención médica hasta la toma de decisiones gubernamentales, es esencial considerar varios aspectos:

- **Transparencia y explicabilidad:** Los sistemas de IA deben ser transparentes y explicables. Los desarrolladores deben entender cómo funcionan y los usuarios deben poder comprender las decisiones que toman.
- **Imparcialidad y equidad:** Es importante evitar sesgos injustos en los algoritmos de IA, que podrían derivar de los datos de entrenamiento o del diseño del sistema. Se debe esforzar por garantizar que los sistemas de IA no discriminen a ningún grupo de personas.
- **Privacidad y seguridad de los datos:** La protección de la privacidad de los datos de los usuarios es fundamental. Se deben implementar medidas sólidas para garantizar que la información confidencial no se vea comprometida.
- **Responsabilidad en la toma de decisiones:** Aunque los sistemas de IA pueden proporcionar recomendaciones, la responsabilidad final debe recaer en los humanos. Debe haber un marco claro de responsabilidad y supervisión.
- **Beneficio social y bienestar humano:** La IA debe ser desarrollada y desplegada para beneficiar a la sociedad en su conjunto y mejorar el bienestar humano. Se debe evitar el uso de la IA para propósitos perjudiciales o maliciosos.
- **Derechos y autonomía de los individuos:** Los individuos deben tener el derecho de comprender y controlar cómo se utiliza la IA en sus vidas. Deben poder optar por no participar

si así lo desean.

- **Desarrollo sostenible y medio ambiente:** El desarrollo de la IA debe ser sostenible y no debe contribuir negativamente a la degradación ambiental.
- **Colaboración y regulación:** Los desarrolladores, investigadores, empresas y gobiernos deben colaborar para establecer estándares éticos y regulaciones que guíen el desarrollo y uso de la IA.
- **Formación y educación:** Es importante proporcionar educación y formación sobre ética en IA a los profesionales involucrados en su desarrollo, así como a los usuarios finales para que comprendan cómo interactuar con sistemas de IA de manera ética y responsable.
- **Evaluación continua y mejora:** Los sistemas de IA deben someterse a una evaluación continua para identificar posibles problemas éticos y mejorar su rendimiento y comportamiento a medida que evolucionan.

Es fundamental que la ética y la responsabilidad guíen el desarrollo y despliegue de la IA para asegurarnos de que esta tecnología beneficie a la humanidad en su conjunto y no cause daño. Esto requiere un esfuerzo conjunto de la comunidad global, que incluye a desarrolladores, empresas, reguladores, académicos y la sociedad en general.

La IA como Herramienta para la Toma de Decisiones Económicas

En este sentido, la inteligencia artificial (IA) se ha convertido en una herramienta poderosa para la toma de decisiones económicas en diversos contextos.

La IA puede procesar grandes cantidades de datos económicos y financieros para identificar patrones, tendencias y relaciones que pueden no ser evidentes para los humanos. Esto puede ayudar en la predicción de tendencias económicas, movimientos de mercados, tasas de interés, inflación, entre otros indicadores.

Para inversores y gestores de fondos, la IA puede ser utilizada para optimizar la composición de una cartera de inversión. Puede analizar factores como el riesgo, la rentabilidad esperada y las correlaciones entre diferentes activos para encontrar la combinación óptima.

La IA puede ser empleada para automatizar tareas rutinarias en el ámbito financiero, como la gestión de cuentas, la ejecución de órdenes de compra o venta, y la reconciliación de transacciones.

La IA puede identificar patrones inusuales en las transacciones financieras que podrían indicar fraude o actividades sospechosas. Esto es importante para proteger las finanzas de una empresa o institución.

Las instituciones financieras pueden utilizar la IA para analizar el comportamiento y las preferencias de los clientes, permitiendo así ofrecer productos y servicios más personalizados y adaptados a las necesidades individuales.

La IA puede desarrollar modelos de valoración avanzados y evaluar el riesgo asociado con inversiones, préstamos o cualquier otra transacción financiera.

En el ámbito del comercio y la venta al por menor, la IA puede analizar datos de mercado y comportamiento del consumidor para determinar precios óptimos y estrategias de posicionamiento.

La IA puede utilizarse para realizar simulaciones y proyecciones de diferentes escenarios económicos, lo que permite a las organizaciones prepararse para posibles contingencias.

Los asesores financieros pueden utilizar IA para proporcionar recomendaciones personalizadas a los clientes, basadas en su situación financiera, objetivos y tolerancia al riesgo.

En el ámbito empresarial, la IA puede ayudar a optimizar la gestión de inventarios y la planificación de la cadena de suministro, lo que puede tener un impacto significativo en la rentabilidad.

Es importante tener en cuenta que, aunque la IA ofrece muchas ventajas, no reemplaza la experiencia y el juicio humano. En muchos casos, es más efectiva cuando se combina con la experiencia y el conocimiento de expertos en economía y finanzas. Además, es importante abordar cuestiones éticas y de privacidad al utilizar la IA en la toma de decisiones económicas.

Automatización en la Industria Manufacturera y Logística

Es la utilización de tecnologías y sistemas avanzados para realizar tareas o procesos de manera autónoma, sin intervención humana directa. Esto puede incluir robots, sistemas de control numérico, sensores, software de gestión y otros dispositivos tecnológicos.

Áreas clave donde la automatización tiene un papel fundamental en la industria manufacturera y logística:

1. **Robótica Industrial:** Los robots industriales son máquinas programables que pueden llevar a cabo una variedad de tareas en una línea de producción. Pueden manipular objetos, soldar, ensamblar, empaquetar y muchas otras tareas.

2. **Sistemas de Control Numérico (CNC):** Se utilizan en la fabricación para controlar herramientas y máquinas mediante la programación de coordenadas y trayectorias. Esto es común en operaciones de fresado, torneado y corte.

3. **Sistemas de Transporte Automatizado:** Esto incluye transportadores, AGVs (vehículos guiados automáticamente) y sistemas de transporte autónomo como robots móviles que pueden mover materiales y productos de un lugar a otro dentro de una instalación.

4. **Sistemas de Almacenamiento Automatizado:** Los sistemas AS/RS (Automated Storage and Retrieval Systems) permiten la automatización de la gestión y recuperación de inventarios en almacenes. Esto incluye estanterías automáticas y sistemas de almacenamiento vertical.

5. **Sistemas de Picking y Packing Automatizado:** Se utilizan robots y sistemas de visión para identificar, recoger y empacar productos en entornos de almacén o centros de distribución.

6. Sistemas de Gestión de Inventarios y ERP: Los sistemas de gestión empresarial (ERP) y software de gestión de inventarios pueden automatizar la administración de inventarios, pedidos y otras operaciones comerciales.

7. Sensores y Sistemas de Monitoreo: La automatización también implica el uso de sensores para recopilar datos en tiempo real sobre la producción, la calidad y las condiciones del entorno. Esto puede ayudar en la toma de decisiones y la optimización de procesos.

8. Integración de Sistemas y Comunicación: Los sistemas automatizados deben poder comunicarse entre sí y con los sistemas de gestión para funcionar de manera eficiente. Esto implica el uso de estándares de comunicación y protocolos de integración.

BENEFICIOS DE LA AUTOMATIZACIÓN EN LA INDUSTRIA MANUFACTURERA Y LOGÍSTICA:

1. Aumento de la Eficiencia y Productividad: La automatización puede realizar tareas de manera más rápida y constante que los humanos, lo que lleva a una mayor producción y eficiencia.

2. Mejora de la Calidad: Los sistemas automatizados pueden realizar tareas con una precisión y consistencia muy altas, lo que reduce los errores y mejora la calidad del producto final.

3. Reducción de Costos Laborales: Al automatizar tareas, se puede reducir la dependencia de la mano de obra humana, lo que puede resultar en ahorros significativos a largo plazo.

4. Seguridad: Al transferir tareas peligrosas o repetitivas a máquinas y robots, se reduce el riesgo de accidentes y lesiones laborales.

5. Flexibilidad y Adaptabilidad: Los sistemas automatizados pueden ser programados y reconfigurados para adaptarse a diferentes productos o procesos sin requerir una reorganización completa.

6. Mayor Capacidad de Análisis y Toma de Decisiones: Los sistemas automatizados pueden recopilar grandes cantidades de datos en tiempo real, lo que permite una toma de decisiones más informada y análisis detallados de rendimiento.

Sin embargo, es importante destacar que la implementación de la automatización requiere una planificación cuidadosa y una inversión inicial significativa. Además, es esencial tener en cuenta el impacto en los trabajadores y proporcionar capacitación y transición adecuadas para aquellos cuyas funciones puedan verse afectadas.

La IA en el Sector de Servicios y Atención al Cliente

Los chatbots son uno de los usos más comunes de la IA en el servicio al cliente. Pueden responder preguntas frecuentes, ayudar con tareas simples y dirigir a los clientes hacia la información que necesitan. Los asistentes virtuales basados en IA también están siendo utilizados para brindar asistencia más avanzada.

La IA puede automatizar una amplia variedad de tareas en el servicio al cliente, como la clasificación de correos electrónicos, la asignación de tickets, la programación de citas y más. Esto libera a los agentes humanos para que se enfoquen en tareas más complejas y de mayor valor.

Puede analizar datos sobre el comportamiento y las preferencias del cliente para proporcionar recomendaciones personalizadas. Esto se aplica tanto a la selección de productos como a la forma en que se aborda al cliente en las interacciones.

Tiene la capacidad de analizar grandes cantidades de datos, como reseñas de productos o comentarios en redes sociales, para comprender el sentimiento de los clientes y detectar problemas o tendencias emergentes.

En sectores como la entrega de productos o servicios de campo, la IA puede ayudar a optimizar rutas para mejorar la eficiencia y reducir costos.

La IA en el ámbito de los centros de llamadas puede responder a llamadas simples y rutinarias sin necesidad de intervención humana. Esto puede incluir la confirmación de citas, el seguimiento de pedidos, etc.

También puede utilizarse para proporcionar capacitación a los agentes de servicio al cliente, ofreciendo respuestas sugeridas y asistencia en tiempo real durante las interacciones con los clientes.

Identifica patrones de comportamiento sospechoso y ayudar en la detección de actividades fraudulentas.

La IA puede facilitar la comunicación con clientes que hablan diferentes idiomas o que tienen necesidades de accesibilidad específicas.

Ayuda a monitorear las interacciones de los agentes para asegurarse de que cumplan con regulaciones y políticas de la empresa.

Es importante tener en cuenta que, a pesar de los beneficios, la implementación de IA en el servicio al cliente también presenta desafíos, como la necesidad de una configuración y entrenamiento adecuados, así como la preocupación por la pérdida de la humanidad en la interacción. En muchos casos, la combinación de la inteligencia artificial con la intervención humana puede proporcionar la mejor experiencia de atención al cliente.

La IA ha revolucionado el sector de servicios y atención al cliente al proporcionar herramientas poderosas para mejorar la eficiencia, la personalización y la calidad de las interacciones con los clientes.

Transformación Digital en el Sector Agrícola y Agroindustrial

Es un proceso que implica la adopción y aplicación de tecnologías digitales avanzadas para mejorar la eficiencia, la productividad y la sostenibilidad en toda la cadena de valor agroalimentaria. Este proceso de digitalización está revolucionando la forma en que se llevan a cabo las actividades agrícolas y agroindustriales.

La agricultura de precisión utiliza tecnologías como GPS, drones y sensores remotos para recopilar datos sobre el terreno, el clima y los cultivos. Esto permite a los agricultores tomar decisiones más informadas sobre la siembra, el riego, la fertilización y la cosecha.

La automatización de procesos agrícolas, como la siembra, la cosecha y el embalaje, está en aumento. Los robots agrícolas pueden realizar tareas repetitivas de manera eficiente y precisa, lo que reduce la dependencia de la mano de obra humana y permite una mayor productividad.

Los dispositivos IoT, como sensores y medidores, se utilizan para monitorear y controlar diversas variables en la agricultura, como la humedad del suelo, la temperatura y la calidad del aire. Estos datos se recopilan y analizan para tomar decisiones basadas en datos.

Lo sistemas de Gestión Agrícola (Farm Management Systems) integran la recopilación de datos, el monitoreo y la gestión de la información relacionada con las operaciones agrícolas. Ayudan a los agricultores a planificar y optimizar sus actividades.

La Big Data y Analítica Avanzada masiva de datos agrícolas, proporciona la base para el análisis y la generación de insights. Esto permite a los agricultores tomar decisiones más informadas sobre la gestión de cultivos, la logística y la comercialización.

Las cadenas de Suministro Inteligentes agroalimentaria permite una mayor visibilidad y trazabilidad de los productos desde el campo hasta el consumidor final. Esto es fundamental para garantizar la seguridad alimentaria y la calidad del producto.

AgTech y Startups Agrícolas e producto del surgimiento de nuevas empresas tecnológicas enfocadas en la agricultura (AgTech) está impulsando la innovación en el sector. Estas empresas desarrollan soluciones tecnológicas específicas para abordar desafíos agrícolas.

La digitalización también juega un papel importante en la promoción de prácticas agrícolas sostenibles y regenerativas. Ayuda a optimizar el uso de recursos, reducir el desperdicio y minimizar el impacto ambiental.

La formación y capacitación de agricultores y profesionales agrícolas en el uso de tecnologías digitales es esencial para aprovechar al máximo los beneficios de la transformación digital.

La Transformación Digital en el sector agrícola y agroindustrial tiene el potencial de revolucionar la forma en que se produce y se gestiona la comida. Al adoptar estas tecnologías, los agricultores pueden mejorar la eficiencia, la sostenibilidad y la rentabilidad de sus operaciones, contribuyendo así a una agricultura más resiliente y responsable.

La Revolución Tecnológica en el Sector Energético y Medio Ambiente

Este proceso tiene una transformación radical que está teniendo lugar en la forma en que se produce, distribuye y consume energía, así como en cómo se abordan los desafíos ambientales asociados con la actividad humana.

Conoce las tendencias y avances tecnológicos clave que están impulsando esta revolución:

- **Energías Renovables:** La transición hacia fuentes de energía renovable, como la solar, eólica, hidroeléctrica y geotérmica, está cambiando la forma en que se genera electricidad. Los avances en la eficiencia de los paneles solares y turbinas eólicas, así como en el almacenamiento de energía, están permitiendo una mayor integración de estas fuentes en la red eléctrica.
- **Almacenamiento de Energía:** La capacidad de almacenar energía de manera eficiente y a gran escala es fundamental para aprovechar al máximo las fuentes intermitentes, como la solar y la eólica. Las baterías de ion de litio y otras tecnologías de almacenamiento están experimentando avances significativos, lo que facilita la gestión de la energía y la estabilidad de la red.
- **Redes Eléctricas Inteligentes (Smart Grids):** Estas redes permiten una comunicación bidireccional entre los productores y consumidores de energía. Esto facilita una gestión más eficiente y flexible de la red, así como la integración de fuentes de energía distribuida, como paneles solares en techos de viviendas.
- **Movilidad Eléctrica:** La electrificación del transporte, tanto en vehículos particulares como en el transporte público, está reduciendo la dependencia de los combustibles fósiles. Los vehículos eléctricos (VE) y la infraestructura de carga están

avanzando rápidamente.

- **Eficiencia Energética:** Las tecnologías que mejoran la eficiencia energética en edificios, industrias y procesos son esenciales para reducir el consumo de energía y las emisiones de gases de efecto invernadero.
- **Tecnologías de Captura y Almacenamiento de Carbono (CCS):** Estas tecnologías buscan capturar el dióxido de carbono (CO2) generado por instalaciones industriales y de energía antes de que llegue a la atmósfera y almacenarlo de manera segura.
- **Inteligencia Artificial y Análisis de Datos:** La IA y el análisis de datos juegan un papel importante en la optimización de la producción y distribución de energía, así como en la gestión de la demanda y la predicción de patrones de consumo.
- **Economía Circular y Gestión de Residuos:** Las tecnologías que permiten reciclar y reutilizar materiales, así como la gestión sostenible de residuos, son esenciales para reducir la presión sobre los recursos naturales.
- **Tecnologías de Desalinización y Tratamiento de Agua:** A medida que la demanda de agua aumenta, especialmente en regiones afectadas por la escasez, las tecnologías que permiten obtener agua potable a partir de fuentes no tradicionales están cobrando importancia.
- **Monitoreo Ambiental y Sensorización:** La proliferación de sensores y tecnologías de monitoreo en tiempo real permite un seguimiento más preciso de la calidad del aire, el agua y otros indicadores ambientales, lo que facilita una respuesta más rápida a los problemas ambientales.

Esta revolución tecnológica en el sector energético y medio ambiente es fundamental para abordar los desafíos globales relacionados con el cambio climático y la sostenibilidad. Sin embargo, es importante recordar que la adopción y la implementación efectiva de estas tecnologías también dependen de políticas adecuadas, inversión y compromiso a nivel global.

Startups y Emprendimiento en la Era de la IA

La Automatización y Eficiencia en la IA permite agilizar una variedad de tareas, desde el servicio al cliente hasta la optimización de procesos internos. Esto libera tiempo y recursos para que los emprendedores se centren en la innovación y la estrategia.

Permite analizar grandes cantidades de datos para comprender mejor las preferencias y necesidades individuales de los clientes. Esto se traduce en la capacidad de ofrecer productos y servicios más personalizados y adaptados a cada usuario.

Puede analizar grandes conjuntos de datos históricos para prever tendencias y comportamientos futuros. Esto es esencial para tomar decisiones informadas y estratégicas.

La IA abre la puerta a nuevos modelos de negocio que antes no eran viables. Por ejemplo, empresas centradas en el desarrollo de algoritmos, consultoría de IA y servicios de optimización de procesos basados en datos.

Automatiza procesos complejos, lo que permite a las empresas operar de manera más eficiente y escalable.

Los chatbots y asistentes virtuales impulsados por IA están transformando la forma en que las empresas interactúan con los clientes, proporcionando respuestas rápidas y precisas las 24 horas del día.

La IA está revolucionando el campo de la salud y las ciencias de la vida, desde diagnósticos más precisos hasta el descubrimiento de nuevos medicamentos.

Analizar grandes cantidades de datos de marketing para optimizar campañas, personalizar mensajes y seleccionar audiencias de manera más efectiva.

La IA se utiliza para identificar patrones de amenazas cibernéticas y prevenir ataques de manera más eficiente que los métodos tradicionales.

A medida que la IA desempeña un papel más importante en los negocios, surge la necesidad de abordar cuestiones éticas y garantizar la transparencia en el uso de algoritmos y datos.

Los inversores están cada vez más interesados en startups que utilizan tecnologías de vanguardia, incluida la IA. Esto puede abrir puertas para nuevas empresas en este espacio.

Con la creciente adopción de la IA, es importante que las startups encuentren formas de diferenciarse y ofrecer propuestas de valor únicas en un mercado cada vez más competitivo.

La Era de la IA presenta oportunidades emocionantes para las startups y los emprendedores. Aquellos que comprendan cómo aprovechar esta tecnología de manera ética y efectiva estarán bien posicionados para innovar y prosperar en este nuevo paisaje empresarial.

Economía de Plataformas y Gig Economy

Esto representa un conjunto de actividades económicas que se basan en la tecnología y en la conectividad para facilitar transacciones entre proveedores y consumidores de servicios o bienes.

- **ECONOMÍA DE PLATAFORMAS:**

También conocida como economía de plataforma digital, se refiere a un modelo económico en el cual las actividades comerciales se facilitan a través de plataformas digitales en línea. Estas plataformas actúan como intermediarios que conectan a proveedores de bienes o servicios con consumidores.

Algunos ejemplos de plataformas de economía son Uber (para transporte), Airbnb (para alojamiento), Amazon (para ventas minoristas), y TaskRabbit (para tareas domésticas). En estos casos, la plataforma proporciona el espacio virtual para que los proveedores ofrezcan sus servicios y los consumidores los adquieran.

Las características comunes de la economía de plataformas incluyen:

- **Escalabilidad:** Las plataformas digitales tienen la capacidad de escalar rápidamente y llegar a una audiencia global.

- **Interconexión:** Conectan a una amplia red de proveedores y consumidores, permitiendo una amplia variedad de transacciones.

- **Economía de red:** A medida que más usuarios se unen a la plataforma, aumenta el valor para todos los participantes.

- **Calificación y retroalimentación:** Las plataformas suelen tener sistemas de calificación y comentarios que ayudan a los usuarios a tomar decisiones informadas.

- **GIG ECONOMY (ECONOMÍA DE TRABAJADORES AUTÓNOMOS):**

La gig economy (o economía de trabajadores autónomos) se refiere a un mercado laboral en el que las personas trabajan como autónomos o contratistas independientes, a menudo participando en "gigs" o trabajos temporales o a corto plazo en lugar de empleos a tiempo completo tradicionales.

Las características de la gig economy incluyen:

- **Flexibilidad laboral:** Los trabajadores pueden elegir cuándo y dónde trabajar, lo que les brinda un mayor control sobre su tiempo.
- **Variedad de tareas:** Los trabajadores de la gig economy pueden realizar una amplia gama de trabajos, desde conducción de Uber hasta diseño gráfico independiente.
- **Ingresos variables:** Los ingresos pueden fluctuar debido a la naturaleza intermitente de los trabajos.
- **Falta de beneficios laborales tradicionales:** Los trabajadores independientes a menudo no reciben beneficios como seguro de salud, vacaciones pagadas o jubilación proporcionada por el empleador.

Relación entre Economía de Plataformas y Gig Economy:

La economía de plataformas y la gig economy están estrechamente relacionadas. Muchas de las actividades en la economía de plataformas implican trabajos temporales o basados en proyectos que se ajustan al modelo de la gig economy. Por ejemplo, los conductores de Uber o los anfitriones de Airbnb son trabajadores independientes que participan en la gig economy a través de una plataforma de economía.

Ambos modelos han transformado la forma en que las personas trabajan y consumen servicios, ofreciendo nuevas oportunidades, pero también desafíos en términos de regulación laboral, seguridad social y equidad en el trabajo.

Economía Colaborativa y Redes de Compartir

También conocida como economía de intercambio o economía de pares, se refiere a un sistema económico basado en compartir recursos y servicios directamente entre individuos o grupos a través de plataformas digitales. La inteligencia artificial (IA) juega un papel importante en la economía colaborativa al facilitar la conexión y coordinación entre proveedores y consumidores.

Existen diferentes formas en las que la IA se entrelaza con la economía colaborativa y las redes de compartir:

- **Emparejamiento y recomendaciones:** La IA puede ser utilizada para mejorar la eficiencia en la asignación de recursos. Por ejemplo, en plataformas de transporte compartido como Uber o Lyft, la IA se utiliza para emparejar conductores y pasajeros de manera eficiente, teniendo en cuenta factores como la ubicación y la disponibilidad.
- **Sistema de reputación y confianza:** La confianza es importante en la economía colaborativa. Los sistemas de reputación basados en la retroalimentación de los usuarios pueden ser mejorados y automatizados mediante algoritmos de IA para identificar y prevenir actividades fraudulentas o comportamientos no deseados.
- **Precios dinámicos y fijación de tarifas:** La IA puede ayudar a establecer precios de manera dinámica, teniendo en cuenta la demanda y la oferta en tiempo real. Esto es especialmente evidente en servicios de alojamiento como Airbnb, donde los precios pueden fluctuar según la temporada, eventos locales, etc.
- **Optimización de rutas y logística:** En servicios de entrega de alimentos, por ejemplo, la IA puede optimizar las rutas

de entrega para minimizar el tiempo y la distancia, lo que puede ser esencial para mantener costos bajos y aumentar la eficiencia.

- **Personalización de la experiencia del usuario:** Las plataformas de economía colaborativa pueden utilizar IA para proporcionar experiencias más personalizadas a los usuarios, como sugerir servicios o productos basados en el historial de búsqueda y preferencias del usuario.
- **Gestión de recursos compartidos:** En plataformas de intercambio de bienes como Shareable, se pueden utilizar algoritmos de IA para optimizar la disponibilidad y distribución de recursos compartidos, como vehículos o herramientas.
- **Inteligencia de mercado y análisis de datos**: La IA puede analizar grandes cantidades de datos generados por las plataformas de economía colaborativa para identificar tendencias, patrones de consumo y oportunidades de mercado.
- **Resolución de conflictos:** La IA también puede intervenir en la resolución de conflictos, proporcionando sistemas de mediación o arbitraje basados en algoritmos para resolver disputas entre usuarios.

Sin embargo, es importante señalar que la integración de la IA en la economía colaborativa también plantea desafíos éticos y regulatorios, como la privacidad de los datos, la discriminación algorítmica y el impacto en el empleo. Por lo tanto, es fundamental establecer marcos legales y éticos que guíen el desarrollo y la implementación de estas tecnologías en el contexto de la economía colaborativa.

El Papel de la IA en la Economía Circular y Sostenibilidad

La IA puede analizar grandes cantidades de datos para identificar oportunidades de mejora en la eficiencia de la producción y el consumo de recursos. Por ejemplo, puede optimizar la programación de la producción para minimizar el desperdicio y maximizar la utilización de materias primas.

Ayuda en el diseño de productos más sostenibles al proporcionar análisis detallados sobre la elección de materiales, la durabilidad y la capacidad de reciclaje. Puede evaluar la viabilidad de alternativas más ecológicas y proporcionar recomendaciones basadas en datos.

Mejora la eficiencia de los procesos de reciclaje al identificar materiales y separarlos de manera más precisa. Puede analizar imágenes y datos para clasificar y separar residuos de manera más eficiente que los métodos manuales.

La IA puede optimizar rutas de transporte y logística para reducir la huella de carbono y minimizar los costos asociados. Puede tener en cuenta factores como la distancia, el tráfico y las emisiones para determinar las rutas más sostenibles.

Utilizando técnicas de aprendizaje automático, la IA puede prever cuándo es más probable que ocurran fallas en productos o infraestructuras, permitiendo un mantenimiento preventivo que prolonga la vida útil y reduce la necesidad de reemplazo.

La IA puede optimizar la generación y distribución de energía renovable al prever patrones de demanda y condiciones climáticas. También puede ayudar a los consumidores a tomar decisiones más sostenibles sobre su consumo de energía.

Los sistemas de IA pueden analizar el comportamiento del consumidor para proporcionar recomendaciones personalizadas sobre prácticas y productos más sostenibles. Esto puede influir en la toma de decisiones de compra y hábitos de consumo.

Puede procesar grandes cantidades de datos de sensores y satélites para monitorear ecosistemas y hábitats. Esto puede ayudar en la conservación de la biodiversidad y en la identificación de áreas que requieren intervención.

Realiza evaluaciones detalladas del ciclo de vida de productos y procesos, lo que permite identificar áreas de mejora y tomar decisiones más informadas sobre la sostenibilidad.

La IA puede ayudar a prevenir la contaminación al detectar y responder a anomalías en tiempo real. También puede ayudar en el cumplimiento de regulaciones ambientales y estándares de sostenibilidad.

En resumen, tiene el potencial de transformar la forma en que abordamos la Economía Circular y la Sostenibilidad al permitir una toma de decisiones más informada, eficiente y precisa en una amplia gama de industrias y sectores. Sin embargo, es importante recordar que la implementación ética y responsable de la IA es importante para garantizar que los beneficios se traduzcan en un impacto positivo en el medio ambiente y la sociedad en general.

Desigualdad y Distribución de Ingresos en la Economía Digital

Son temas importantes en cualquier economía, y la economía digital no es una excepción. Sin embargo, la economía digital presenta características únicas que pueden influir en estos aspectos.

VISIÓN GENERAL:

1. Brecha Digital:

- En la economía digital, existe una brecha entre aquellos que tienen acceso a la tecnología y la información, y aquellos que no lo tienen. Esto puede agravar la desigualdad si no se abordan adecuadamente.

2. Nuevos Modelos de Negocio:

- La economía digital ha dado lugar a nuevos modelos de negocio basados en plataformas y redes, como Uber, Airbnb o gig economy. Si bien ofrecen oportunidades de ingresos flexibles, también pueden llevar a una mayor inseguridad laboral y desigualdad de ingresos entre los trabajadores.

3. Concentración de Poder:

- Las grandes empresas tecnológicas tienden a tener una gran influencia en la economía digital. Esto puede conducir a una mayor concentración de riqueza y poder en manos de unas pocas corporaciones, lo que a su vez puede aumentar la desigualdad.

4. Automatización y Desplazamiento Laboral:

- La automatización en la economía digital puede resultar en la pérdida de empleos en ciertas industrias, lo que afecta desproporcionadamente a los trabajadores con habilidades menos especializadas y puede contribuir a la desigualdad de ingresos.

5. Economía de Plataformas y Gig Economy:

- Si bien brindan oportunidades de ingresos a personas que de otra manera podrían tener dificultades para encontrar empleo, también pueden llevar a salarios bajos, falta de beneficios y falta de protecciones laborales.

6. Economías Emergentes:

- En economías en desarrollo, la adopción de tecnologías digitales puede crear oportunidades de crecimiento económico, pero también puede exacerbar la desigualdad si no se gestionan adecuadamente.

7. Regulación y Políticas Públicas:

- Las políticas gubernamentales y la regulación juegan un papel importante en la mitigación de la desigualdad en la economía digital. Esto incluye medidas para garantizar la competencia justa, proteger los derechos de los trabajadores y promover la inclusión digital.

8. Educación y Habilidades Digitales:

- La capacitación y la educación en habilidades digitales son fundamentales para reducir la brecha digital y ayudar a las personas a aprovechar las oportunidades en la economía digital.

9. Economía de Acceso vs. Economía de Propiedad:

- La economía digital ha impulsado modelos de acceso a bienes y servicios en lugar de propiedad, lo que puede tener implicaciones en la distribución de ingresos y la forma en que las personas acceden a los recursos.

La economía digital presenta oportunidades y desafíos en términos de desigualdad y distribución de ingresos. Es importante que los gobiernos, las empresas y la sociedad en general trabajen juntos para abordar estos problemas y garantizar que los beneficios de la economía digital se distribuyan de manera más equitativa.

Desempleo Tecnológico y Reentrenamiento Laboral

La tecnología ha traído como concecuencia la pérdida de empleos causada por la automatización y la adopción de tecnologías avanzadas que reemplazan tareas que anteriormente eran realizadas por humanos. Esto puede ocurrir en una amplia gama de industrias y ocupaciones, desde la manufactura hasta los servicios y la administración. La automatización y la inteligencia artificial están transformando rápidamente la forma en que se llevan a cabo muchas actividades laborales.

El reentrenamiento laboral es una estrategia importante para abordar el desempleo tecnológico. Consiste en proporcionar a los trabajadores las habilidades y conocimientos necesarios para adaptarse a las nuevas demandas del mercado laboral. Esto puede implicar la adquisición de habilidades tecnológicas, de programación o de manejo de nuevas herramientas y plataformas digitales.

Considera estos puntos importantes sobre el desempleo tecnológico y el reentrenamiento laboral:

1. Rápida Evolución Tecnológica: La tecnología está avanzando a un ritmo acelerado, lo que significa que las habilidades que eran relevantes en el pasado pueden volverse obsoletas en un período relativamente corto. Es esencial que los trabajadores estén dispuestos a aprender y adaptarse a las nuevas tecnologías.

2. Colaboración entre Empresas y Gobiernos: Es importante que las empresas y los gobiernos colaboren para facilitar el reentrenamiento laboral. Esto puede implicar la creación de programas de capacitación, subsidios para la educación continua o la promoción de iniciativas de formación en tecnología.

3. Flexibilidad y Adaptabilidad: Los trabajadores deben estar dispuestos a ser flexibles y adaptarse a las nuevas tendencias y tecnologías. Esto puede implicar cambiar de industria o de función dentro de una empresa.

4. Educación Continua: El aprendizaje a lo largo de toda la vida se vuelve cada vez más importante en un mundo donde las habilidades pueden volverse obsoletas rápidamente. Los trabajadores deben estar dispuestos a invertir en su propio desarrollo profesional.

5. Enfoque en Habilidades Transferibles: Aunque las tecnologías pueden cambiar, muchas habilidades fundamentales como la resolución de problemas, el pensamiento crítico y la comunicación siguen siendo valiosas en cualquier entorno laboral.

6. Apoyo Psicológico y Financiero: La transición a nuevas carreras puede ser desafiante y estresante. Es importante proporcionar apoyo emocional y, en algunos casos, apoyo financiero durante este proceso.

7. Identificación de Oportunidades Emergentes: A medida que algunas ocupaciones se vuelven obsoletas, surgen nuevas oportunidades en campos relacionados con la tecnología. Identificar y aprovechar estas oportunidades es fundamental.

8. Inclusión y Diversidad: Es importante que las iniciativas de reentrenamiento laboral sean inclusivas y accesibles para todos los trabajadores, independientemente de su género, edad o trasfondo.

El desempleo tecnológico es una realidad en un mundo cada vez más digitalizado, pero el reentrenamiento laboral puede ayudar a los trabajadores a adaptarse y prosperar en este entorno cambiante. Es importante que las empresas, los gobiernos y los individuos trabajen juntos para abordar este desafío y aprovechar las oportunidades que la tecnología puede ofrecer.

Discriminación algorítmica y Sesgos en la IA

Estos eventos son problemas importantes y cada vez más relevantes en el campo de la tecnología y la ética.

DISCRIMINACIÓN ALGORÍTMICA:

La discriminación algorítmica, a veces llamada "discriminación algorítmica" o "bias algorítmico", se refiere a la posibilidad de que los algoritmos produzcan resultados injustos o discriminatorios debido a datos sesgados o características incorporadas en el proceso de diseño del algoritmo.

Esto puede ocurrir por diversas razones, como:

- **Datos de entrenamiento sesgados:** Si los datos utilizados para entrenar un algoritmo reflejan sesgos históricos o prejuicios, el algoritmo puede aprender y perpetuar esos sesgos.
- **Diseño del algoritmo:** Si el diseño del algoritmo no se realiza cuidadosamente para mitigar sesgos inherentes, podría producir resultados discriminatorios.
- **Sesgos de los creadores del algoritmo:** Los prejuicios y suposiciones de los desarrolladores de la IA pueden influir en el diseño y funcionamiento del algoritmo.
- **Sesgos en la retroalimentación humana:** Si el sistema de aprendizaje automático recibe retroalimentación de humanos que poseen prejuicios, esto puede reforzar los sesgos existentes.

SESGOS EN LA IA:

Los sesgos en la IA se refieren a los resultados o decisiones que toma un sistema de inteligencia artificial que favorecen o perjudican a ciertos grupos de personas debido a prejuicios incorporados en el modelo o en los datos de entrenamiento.

Estos sesgos pueden ser de diferentes tipos:

- **Sesgo de representación:** Ocurre cuando el modelo aprende de datos que no son representativos de la población completa, lo que lleva a resultados inexactos o discriminatorios.
- **Sesgo de resultado:** Se da cuando el modelo produce resultados que son sistemáticamente desiguales para diferentes grupos, incluso si los inputs son iguales.
- **Sesgo de atributo sensible:** Sucede cuando el modelo toma decisiones basadas en características protegidas (como género, raza, orientación sexual) que no deberían influir en el resultado.
- **Sesgo de confirmación:** El modelo puede reforzar estereotipos o prejuicios existentes al aprender de datos que reflejan esos prejuicios.

MITIGACIÓN Y PREVENCIÓN:

Para abordar estos problemas, es importante:

1. Recopilar y utilizar datos diversos y representativos.
2. Realizar auditorías de sesgo.
3. Diseñar algoritmos para ser interpretables y explicables.
4. Incorporar la ética y la diversidad en el proceso de diseño de la IA.
5. Fomentar la transparencia y la rendición de cuentas en el desarrollo de tecnologías de IA.
6. Establecer políticas y regulaciones que promuevan la equidad y la no discriminación en la implementación de sistemas de IA.

La lucha contra la discriminación algorítmica es un desafío constante que requiere la colaboración de expertos en ética, tecnología y políticas, así como un compromiso firme por parte de la industria y la sociedad en general.

Privacidad y Seguridad de los Datos en un Mundo Conectado

PRIVACIDAD DE LOS DATOS:

Definición:

La privacidad de los datos se refiere al control que una persona tiene sobre la información que comparte sobre sí misma y cómo se utiliza esa información.

Importancia:

1. **Autonomía y Libertad:** La privacidad de los datos es esencial para preservar la autonomía y la libertad de las personas. Permite a las personas tomar decisiones sobre qué información comparten y con quién.

2. **Protección contra el Abuso:** Evita el abuso y la explotación de la información personal por parte de terceros malintencionados.

3. **Confianza en la Tecnología:** Fomenta la confianza en las plataformas y servicios digitales, lo que es importante para el desarrollo de la economía digital.

PRÁCTICAS RECOMENDADAS:

1. **Consentimiento Informado:** Las organizaciones deben obtener el consentimiento claro y específico de las personas antes de recopilar, procesar o compartir sus datos.

2. **Transparencia:** Debe haber transparencia sobre qué datos se recopilan, cómo se utilizan y con quién se comparten.

3. **Mínima Recopilación de Datos:** Se debe recopilar solo la información necesaria para cumplir con el propósito específico para el que se obtiene.

4. **Seguridad de Datos:** Los datos deben almacenarse y procesarse de manera segura para evitar accesos no autorizados o filtraciones.

5. **Derecho al Olvido:** Las personas deben tener el derecho de solicitar la eliminación de sus datos cuando ya no sean necesarios.

6. Educación y Conciencia: Las personas deben estar informadas sobre sus derechos y cómo proteger su privacidad en línea.

SEGURIDAD DE LOS DATOS:

Definición:

La seguridad de los datos se refiere a las medidas y prácticas diseñadas para proteger la información contra accesos no autorizados, pérdida o daño.

Importancia:

1. Confidencialidad: Garantiza que solo las personas autorizadas puedan acceder a la información.

2. Integridad: Asegura que los datos no se alteren de manera no autorizada.

3. Disponibilidad: Garantiza que los datos estén disponibles cuando se necesiten.

4. Cumplimiento Legal: Ayuda a cumplir con las leyes y regulaciones de protección de datos.

PRÁCTICAS RECOMENDADAS:

1. Contraseñas Fuertes y Cambio Periódico: Utilizar contraseñas complejas y cambiarlas regularmente.

2. Cifrado de Datos: Proteger los datos mediante técnicas de cifrado.

3. Actualizaciones de Software: Mantener el software y los sistemas actualizados para corregir vulnerabilidades conocidas.

4. Firewalls y Antivirus: Utilizar medidas de seguridad como firewalls y software antivirus.

5. Auditorías y Monitoreo: Realizar auditorías regulares y monitorear la actividad de los sistemas para detectar posibles intrusiones.

La privacidad y seguridad de los datos son aspectos importantees en el mundo conectado actual. Tanto los individuos como las organizaciones tienen responsabilidades para garantizar que la información se maneje de manera ética y segura.

Estrategias Empresariales para la Implementación de la IA

Esta implementación en una empresa puede ofrecer una amplia gama de beneficios, desde la automatización de tareas hasta la mejora de la toma de decisiones. Sin embargo, también implica desafíos y consideraciones estratégicas.

Definir Objetivos Claros:

- Antes de comenzar, es importante tener una comprensión clara de lo que se espera lograr con la IA. Pregúntate qué problemas específicos quieres resolver o qué oportunidades quieres aprovechar.

Evaluar la Viabilidad y el Retorno de la Inversión (ROI):

- Evalúa si la implementación de la IA es adecuada para tu industria y negocio en particular. Calcula el posible retorno de la inversión y establece métricas para medir el éxito.

Recopilar y Preparar Datos de Calidad:

- La calidad de los datos es fundamental para el éxito de cualquier proyecto de IA. Asegúrate de contar con datos limpios, relevantes y suficientes para entrenar tus modelos.

Seleccionar la Tecnología Apropiada:

- Existen diferentes tipos de algoritmos y plataformas de IA. Selecciona las herramientas y tecnologías que mejor se adapten a tus necesidades y recursos.

Involucrar a los Stakeholders:

- Comunica claramente los objetivos y beneficios de la implementación de la IA a todas las partes interesadas, desde la alta dirección hasta los equipos operativos.

Formación y Capacitación:

- Proporciona a tu equipo la formación necesaria para comprender y utilizar la IA de manera efectiva. Esto incluye a los expertos en datos, desarrolladores y usuarios finales.

Iterar y Mejorar Constantemente:

- La IA es un campo en constante evolución. Establece un ciclo de retroalimentación para mejorar continuamente los modelos y algoritmos a medida que se recopilan más datos y se obtiene más experiencia.

Cumplimiento Legal y Ético:

- Asegúrate de cumplir con todas las regulaciones y estándares éticos relevantes, especialmente en áreas sensibles como la privacidad de los datos.

Monitorización y Mantenimiento:

- Establece sistemas de monitorización para supervisar el rendimiento de tus sistemas de IA en tiempo real y establece protocolos de mantenimiento para abordar problemas rápidamente.

Fomentar la Innovación y la Experimentación:

- Crea una cultura empresarial que fomente la experimentación y la innovación en el ámbito de la IA. Anima a tu equipo a probar nuevas ideas y enfoques.

Establecer Métricas de Éxito:

- Define métricas claras para evaluar el rendimiento de tus sistemas de IA en relación con los objetivos comerciales establecidos.

Escalabilidad y Flexibilidad:

- Diseña tus sistemas de IA con la capacidad de escalar a medida que crece tu negocio y de adaptarse a cambios en el entorno empresarial.

Recuerda que la implementación exitosa de la IA es un proceso continuo que requiere adaptación y aprendizaje constante. Es importante estar dispuesto a ajustar tus estrategias a medida que evoluciona la tecnología y cambian las necesidades del negocio.

Casos de Éxito y Lecciones Aprendidas de Empresas Innovadoras

Google:

- **Caso de Éxito:** Google ha tenido numerosos éxitos en el campo de la IA, desde el desarrollo de algoritmos de búsqueda más sofisticados hasta el despliegue de IA en productos como Google Photos y Google Translate. Google también ha sido líder en investigación en IA con proyectos como AlphaGo, que venció a campeones mundiales en el juego de mesa Go.
- **Lección Aprendida:** La inversión a largo plazo en investigación y desarrollo de IA puede resultar en avances significativos y productos revolucionarios.

Amazon:

- **Caso de Éxito:** Amazon ha utilizado IA para mejorar la experiencia del cliente a través de recomendaciones personalizadas, asistentes de voz (Alexa) y automatización en su cadena de suministro con robots en sus almacenes.
- **Lección Aprendida:** Integrar IA en el corazón de la operación de la empresa puede mejorar la eficiencia y la satisfacción del cliente.

OpenAI:

- **Caso de Éxito:** OpenAI ha desarrollado modelos de lenguaje avanzados como GPT-3 y GPT-4, que son capaces de tareas de procesamiento de lenguaje natural sorprendentes, desde redacción automática hasta asistencia en programación.
- **Lección Aprendida:** La colaboración abierta con la comunidad y la iteración constante son claves para mejorar y desarrollar tecnologías de vanguardia en IA.

DeepMind:

- **Caso de Éxito:** DeepMind, propiedad de Alphabet (compañía matriz de Google), creó AlphaFold, una IA que resuelve el problema de predicción de la estructura de las proteínas, un desafío de décadas en biología.

- **Lección Aprendida:** Combinar la experiencia en ciencias con la potencia de la IA puede conducir a avances significativos en campos complejos.

Tesla:

- **Caso de Éxito:** Tesla ha utilizado IA para revolucionar la industria automotriz con su sistema de conducción autónoma, conocido como Autopilot, que utiliza una combinación de sensores y algoritmos de aprendizaje automático para permitir la conducción semiautónoma.

- **Lección Aprendida:** La integración de IA en sectores tradicionales puede dar lugar a disrupciones significativas y cambiar la forma en que operan las industrias.

LECCIONES APRENDIDAS GENERALES:

- **Recopilación y Calidad de Datos:** La calidad y cantidad de datos son fundamentales para el éxito de los proyectos de IA. Empresas exitosas invierten en la recopilación y curación de datos de alta calidad.
- **Ética y Transparencia:** Las empresas innovadoras en IA reconocen la importancia de la ética y la transparencia en el desarrollo y despliegue de sus sistemas. La confianza del usuario es importante.
- **Innovación Constante:** La innovación es clave en el campo de la IA. Las empresas deben estar dispuestas a invertir en investigación y desarrollo a largo plazo.
- **Colaboración y Comunidad:** Trabajar con la comunidad científica y tecnológica puede conducir a avances significativos y a la creación de soluciones más robustas.

Recuerda que cada empresa y proyecto tiene su propio conjunto de desafíos y oportunidades, pero estas lecciones aprendidas son valiosas para cualquier empresa que busque innovar en el campo de la IA.

Cultura Organizacional y Transformación Digital

Son dos conceptos fundamentales en el mundo empresarial actual. Se relacionan de la siguiente manera:

Cultura Organizacional:

- Definición: La cultura organizacional se refiere al conjunto de valores, creencias, normas y comportamientos que caracterizan a una organización. Es la forma en que la empresa ve a sí misma y cómo sus miembros interactúan entre sí y con el entorno.

- Importancia: Una cultura sólida y bien definida puede influir significativamente en la forma en que los empleados se desempeñan y en cómo la empresa se adapta a los cambios. Puede ser una fuente de cohesión, identidad y motivación para los empleados.

- Componentes: Incluye aspectos como la misión y visión de la empresa, la ética y valores, el estilo de liderazgo, las prácticas de comunicación, la toma de decisiones y la forma en que se manejan los conflictos.

- Cambio en la Cultura Organizacional: Cambiar la cultura de una organización es un proceso complejo que implica transformar las creencias y los comportamientos arraigados. Puede ser impulsado por factores como cambios en el liderazgo, nuevas estrategias empresariales o necesidades de adaptación al entorno.

Transformación Digital:

- Definición: La transformación digital implica la integración de tecnologías digitales en todos los aspectos de una organización, lo que incluye procesos, operaciones, productos y servicios. El objetivo es mejorar la eficiencia, la efectividad y la competitividad de la empresa en la era digital.

- Importancia: La transformación digital es fundamental en un mundo donde la tecnología está en constante evolución y tiene un impacto significativo en cómo se hacen negocios. Permite a las empresas aprovechar las oportunidades que ofrecen las nuevas tecnologías.

- Tecnologías Involucradas: Puede incluir la adopción de tecnologías como la nube, la inteligencia artificial, el internet de las cosas, la analítica de datos, la automatización de procesos, entre otras.

Relación entre Cultura Organizacional y Transformación Digital:

- Alineación de Valores: La cultura organizacional debe estar alineada con los objetivos de la transformación digital. Por ejemplo, si la empresa busca ser innovadora y ágil, su cultura debe fomentar la experimentación y la adaptabilidad.

- Adopción de Nuevas Tecnologías: Una cultura abierta al cambio y la adopción de nuevas tecnologías es fundamental para el éxito de la transformación digital. Los empleados deben estar dispuestos a aprender y adaptarse a nuevas herramientas y formas de trabajar.

- Liderazgo Transformador: Los líderes desempeñan un papel importante en la promoción de la transformación digital. Deben ser promotores del cambio y ejemplificar los valores y comportamientos deseados en la nueva cultura digital.

- Comunicación y Colaboración: Una cultura que fomente la comunicación abierta, la colaboración y el trabajo en equipo es esencial para aprovechar al máximo las tecnologías digitales, que a menudo requieren una colaboración interdepartamental.

Una cultura organizacional sólida y adaptable es un elemento clave para el éxito de la transformación digital. La empresa debe fomentar valores y comportamientos que apoyen la adopción de nuevas tecnologías y la adaptación a un entorno digital en constante cambio.

Habilidades del Siglo XXI: Lo que se Requiere en el Mundo de la IA

En la actualidad, estas habilidades relevantes en el mundo de la Inteligencia Artificial (IA) y la tecnología en general están en constante evolución.

1. Programación y Desarrollo de Software:

- Lenguajes de programación como Python, Java, C++, etc.

- Experiencia en frameworks y bibliotecas de IA como TensorFlow, PyTorch, scikit-learn, etc.

2. Comprensión de Algoritmos y Estructuras de Datos:

- Capacidad para diseñar y optimizar algoritmos eficientes.

3. Aprendizaje Automatizado y Aprendizaje Profundo (Machine Learning y Deep Learning):

- Familiaridad con técnicas de aprendizaje supervisado, no supervisado y por refuerzo.

- Experiencia en el entrenamiento y despliegue de modelos de aprendizaje profundo.

4. Procesamiento de Lenguaje Natural (NLP):

- Comprensión de cómo trabajar con texto, incluyendo tareas como clasificación, extracción de información, generación de texto, etc.

5. Visión por Computadora:

- Habilidad para trabajar con imágenes y videos, incluyendo tareas como clasificación, detección de objetos, segmentación, etc.

6. Conocimientos Matemáticos Sólidos:

- Álgebra lineal, cálculo, estadísticas y probabilidad son esenciales para comprender los fundamentos de los algoritmos de IA.

7. Procesamiento Distribuido y Big Data:

- Familiaridad con plataformas y tecnologías como Hadoop, Spark, y sistemas de gestión de bases de datos distribuidas.

8. Habilidades de Visualización de Datos:

- Capacidad para comunicar de manera efectiva información compleja a través de gráficos y visualizaciones.

9. Ética y Responsabilidad en la IA:

- Comprender las implicaciones éticas y sociales de la IA, así como la responsabilidad de los profesionales en este campo.

10. Habilidades de Resolución de Problemas:

- La capacidad para abordar problemas complejos y encontrar soluciones creativas es esencial.

11. Adaptabilidad y Aprendizaje Continuo:

- La tecnología y la IA están en constante evolución, por lo que la capacidad de aprender nuevas habilidades y adaptarse a nuevos entornos es importante.

12. Comunicación y Colaboración Efectiva:

- Poder comunicar conceptos técnicos de manera comprensible y trabajar en equipo es esencial, ya que la IA a menudo involucra colaboración interdisciplinaria.

13. Habilidades Empresariales y de Gestión de Proyectos:

- Entender cómo aplicar soluciones de IA en un contexto empresarial y saber gestionar proyectos es cada vez más importante.

14. Conocimiento de la Industria Específica:

- Para aplicar eficazmente la IA en un campo específico (por ejemplo, salud, finanzas, transporte), es importante entender las peculiaridades de esa industria.

Recuerda que el campo de la IA es amplio y en constante evolución, por lo que estar dispuesto a aprender y mantenerse actualizado es esencial para sobresalir en este campo.

Educación y Formación Continua en la Era de la Inteligencia Artificial

A medida que la tecnología avanza rápidamente, es necesario que las personas adquieran habilidades actualizadas y relevantes para mantenerse competitivas en el mercado laboral.

La IA está transformando numerosas industrias, desde la salud y la educación hasta la manufactura y el comercio. Es esencial que los profesionales y estudiantes se familiaricen con las aplicaciones de la IA en sus campos y aprendan a aprovechar sus beneficios.

Aunque la IA puede automatizar muchas tareas, hay habilidades humanas que son difíciles de replicar, como la creatividad, la resolución de problemas complejos, la empatía y la toma de decisiones éticas. La formación debe centrarse en desarrollar estas habilidades para complementar la IA.

La educación ya no se limita a los años de escuela o universidad. En la era de la IA, es esencial que las personas adopten una mentalidad de aprendizaje continuo. Esto puede implicar la participación en cursos en línea, talleres, seminarios y otros programas de capacitación a lo largo de toda la vida laboral.

Dado que la IA es una disciplina técnica, es importante que los profesionales adquieran al menos un nivel básico de conocimientos en áreas como la programación, el aprendizaje automático y la ciencia de datos. Esto les permitirá comprender y colaborar con sistemas de IA de manera efectiva.

Algunas áreas de la IA requieren una especialización profunda, como la visión por computadora o el procesamiento del lenguaje natural. Sin embargo, también es valioso tener una comprensión general de diversas disciplinas relacionadas, como la estadística, la ética de la IA y la ciberseguridad.

Con la proliferación de la IA, es esencial que los profesionales estén al tanto de las implicaciones éticas y sociales de su trabajo. Esto incluye la consideración de cuestiones como el sesgo algorítmico, la privacidad y la transparencia.

Las empresas y las instituciones educativas deben colaborar estrechamente para asegurarse de que los programas de formación estén alineados con las necesidades del mercado laboral. Esto puede implicar la creación de programas de estudio conjuntos, pasantías y oportunidades de aprendizaje en el lugar de trabajo.

La IA puede automatizar muchas tareas rutinarias, lo que significa que las habilidades de resolución de problemas complejos se vuelven aún más valiosas. La educación debe centrarse en fomentar la capacidad de abordar desafíos complejos y encontrar soluciones innovadoras.

La educación y la formación continua son esenciales en la era de la IA para asegurar que las personas estén preparadas para aprovechar las oportunidades que esta tecnología ofrece, así como para abordar sus desafíos y consideraciones éticas. La mentalidad de aprendizaje continuo y la adaptabilidad serán importantees para el éxito en este entorno cambiante.

El Papel de la Creatividad y la Innovación en el Empleo del Futuro

A medida que la tecnología avanza y automatiza tareas rutinarias, las habilidades que son inherentemente humanas, como la creatividad, la originalidad y la capacidad de resolver problemas complejos, se vuelven cada vez más valiosas en el mercado laboral.

A medida que los sistemas automatizados manejan tareas repetitivas, los trabajadores del futuro se centrarán en la resolución de problemas más complejos y en la toma de decisiones estratégicas.

La creatividad desempeñará un papel importante en la creación de productos y servicios que satisfagan las necesidades y deseos de los consumidores. El diseño centrado en el usuario y la experiencia del usuario se convertirán en prioridades.

La innovación continuará impulsando avances en tecnología y software. Los profesionales creativos serán esenciales en el desarrollo de nuevas aplicaciones, plataformas y soluciones tecnológicas.

La creatividad es esencial para concebir y lanzar nuevos negocios y startups. Los emprendedores del futuro deberán ser capaces de identificar oportunidades, encontrar soluciones únicas y adaptarse rápidamente a los cambios del mercado.

Las industrias creativas como el arte, el entretenimiento, el diseño y la producción de contenido multimedia seguirán creciendo y evolucionando. La demanda de profesionales creativos en estas áreas seguirá siendo alta.

La creatividad será clave en la creación de métodos de enseñanza innovadores y en la personalización del aprendizaje para adaptarse a las necesidades individuales de los estudiantes.

La creatividad jugará un papel esencial en la búsqueda de soluciones para los desafíos sociales y ambientales. Se necesitarán ideas innovadoras para abordar problemas como el cambio climático, la igualdad de género y la justicia social.

La capacidad de contar historias de manera efectiva y de comunicar mensajes de manera creativa será importante en el mundo del marketing y la publicidad.

Es importante destacar que la creatividad no está limitada a sectores específicos; es una habilidad que puede aplicarse en una amplia gama de industrias y funciones laborales. Por lo tanto, fomentar la creatividad y la capacidad de innovar será esencial para prepararse para el empleo del futuro.

La Importancia de la Inteligencia Emocional en un Mundo Digital

A medida que la tecnología continúa transformando la forma en que nos comunicamos y trabajamos, la capacidad de comprender y gestionar nuestras emociones, así como las de los demás, se vuelve cada vez más importante.

A pesar de la creciente dependencia de la tecnología, las relaciones humanas siguen siendo fundamentales. La inteligencia emocional nos permite comprender las necesidades, preocupaciones y sentimientos de los demás, lo que facilita la construcción y mantenimiento de relaciones sólidas en el mundo digital.

En un entorno digital, gran parte de la comunicación se realiza a través de mensajes de texto, correos electrónicos y plataformas de redes sociales. La inteligencia emocional nos ayuda a interpretar y expresar de manera adecuada nuestras emociones en este contexto, evitando malentendidos y conflictos.

En el mundo digital, los desacuerdos y malentendidos pueden surgir con facilidad. La inteligencia emocional nos proporciona las habilidades necesarias para abordar estos conflictos de manera constructiva, evitando escaladas innecesarias y fomentando la resolución pacífica.

El mundo digital puede ser un entorno estresante. La constante conectividad y la sobrecarga de información pueden generar ansiedad y agotamiento. La inteligencia emocional nos permite reconocer y gestionar el estrés de manera efectiva, promoviendo la salud mental y el bienestar.

La tecnología ha acercado a personas de diferentes culturas y backgrounds. La inteligencia emocional nos permite comprender y apreciar las diferencias culturales, lo que es fundamental para la colaboración efectiva en un entorno globalizado.

En entornos laborales digitales, el liderazgo efectivo y la colaboración son esenciales. La inteligencia emocional es fundamental para liderar equipos de manera empática y motivadora, así como para fomentar un ambiente de trabajo positivo y productivo.

En un mundo digital en constante cambio, la capacidad de adaptarse y recuperarse de desafíos es importante. La inteligencia emocional nos ayuda a gestionar la incertidumbre y a mantener una actitud positiva frente a los cambios.

La inteligencia emocional nos permite evaluar nuestras propias emociones y tomar decisiones basadas en información más completa y equilibrada, en lugar de reaccionar impulsivamente.

La inteligencia emocional es una habilidad esencial en el mundo digital, ya que nos permite relacionarnos de manera efectiva, comunicarnos con claridad y enfrentar los desafíos de forma equilibrada y resiliente. Esta habilidad no solo mejora la calidad de nuestras interacciones en línea, sino que también tiene un impacto positivo en nuestra vida profesional y personal en el mundo digital y más allá.

Políticas Públicas para Fomentar la Innovación y la Adopción de la IA

Fomentar la innovación y la adopción de la Inteligencia Artificial (IA) requiere de políticas públicas que promuevan un entorno propicio para el desarrollo tecnológico y la implementación responsable de esta tecnología.

1. Inversión en Investigación y Desarrollo (I+D):

- Asignación de recursos financieros y apoyo a instituciones educativas, centros de investigación y empresas para la investigación y desarrollo de tecnologías de IA.

FORMACIÓN Y CAPACITACIÓN:

- Establecimiento de programas de formación y capacitación en IA dirigidos a profesionales, estudiantes y trabajadores de distintas áreas para fomentar la adopción y el uso efectivo de esta tecnología.

CREACIÓN DE ECOSISTEMAS TECNOLÓGICOS:

- Fomento de la creación de clusters tecnológicos, parques tecnológicos y hubs de innovación que faciliten la colaboración entre empresas, universidades y centros de investigación.

ESTÍMULO A STARTUPS Y EMPRENDEDORES:

- Apoyo financiero, asesoramiento y acceso a recursos para startups y emprendedores que trabajen en proyectos relacionados con la IA.

REGULACIÓN Y ÉTICA:

- Establecimiento de marcos regulatorios que promuevan la adopción responsable de la IA, abordando cuestiones de privacidad, seguridad, transparencia y equidad.

ESTABLECIMIENTO DE ESTÁNDARES:

- Definición de estándares técnicos y éticos para el desarrollo y despliegue de soluciones de IA.

PROMOCIÓN DE LA COLABORACIÓN PÚBLICO-PRIVADA:

- Creación de espacios de colaboración entre el sector público y privado para impulsar el desarrollo y la adopción de tecnologías de IA.

INCENTIVOS FISCALES Y FINANCIEROS:

- Implementación de políticas de incentivos fiscales, subvenciones y financiamiento para empresas que inviertan en proyectos de IA.

ACCESO A DATOS Y PLATAFORMAS COMUNES:

- Establecimiento de políticas que promuevan la disponibilidad y el acceso a conjuntos de datos relevantes y la creación de plataformas de desarrollo compartido.

PROMOCIÓN DE DESARROLLO SOSTENIBLE Y SOCIALMENTE RESPONSABLE:

- Incentivo a proyectos de IA que aborden problemáticas sociales y medioambientales, promoviendo soluciones que beneficien a la sociedad en su conjunto.

EDUCACIÓN Y CONCIENCIA PÚBLICA:

- Campañas de sensibilización y educación sobre los beneficios y desafíos de la IA, así como sobre los derechos y responsabilidades en su uso.

INTERNACIONALIZACIÓN Y COOPERACIÓN:

- Fomento de la colaboración internacional en materia de políticas de IA, compartiendo mejores prácticas y promoviendo estándares globales.

Es importante tener en cuenta que estas políticas deben ser diseñadas y adaptadas teniendo en cuenta el contexto y las necesidades específicas de cada país o región. Además, es importante mantener un diálogo abierto con diversos actores, incluyendo la industria, la academia y la sociedad civil, para asegurar un desarrollo equitativo y ético de la IA.

Regulación y Ética en el Uso de la Inteligencia Artificial

Para asegurar que esta tecnología se utilice de manera responsable y beneficiosa para la sociedad en su conjunto, es necesario regular y mantener un alto código ético.

REGULACIÓN:

Marco Legal y Normativo: Los gobiernos y organizaciones internacionales están trabajando en el desarrollo de marcos legales y normativos que guíen el uso de la IA. Esto puede incluir leyes sobre privacidad, seguridad de datos, discriminación y transparencia.

Certificación y Estándares: Se están desarrollando certificaciones y estándares para garantizar la seguridad y la calidad de los sistemas de IA. Estos pueden abordar aspectos como la seguridad de los datos, la transparencia y la equidad.

Protección de Datos y Privacidad: Las leyes de protección de datos, como el Reglamento General de Protección de Datos (GDPR) en la Unión Europea, son fundamentales para garantizar que la recopilación y el uso de datos se realice de manera ética y legal.

Responsabilidad y Responsabilización: Se están explorando formas de establecer responsabilidad y responsabilización en casos donde la IA cause daño o perjuicio. Esto puede incluir la identificación de actores clave como los desarrolladores, los propietarios y los usuarios.

Evaluación de Impacto de la IA: Es importante establecer procedimientos para evaluar el impacto potencial de los sistemas de IA antes de su despliegue, especialmente en áreas críticas como la salud, la justicia y la seguridad.

ÉTICA:

Equidad y No Discriminación: La IA debe ser desarrollada y utilizada de manera que no discrimine ni perjudique a grupos de personas basados en características como la raza, el género o la orientación sexual.

Transparencia y Explicabilidad: Los sistemas de IA deben ser transparentes y capaces de proporcionar explicaciones sobre sus decisiones y procesos. Esto es importante para establecer la confianza y permitir la rendición de cuentas.

Beneficio Social: La IA debe ser utilizada para el beneficio de la sociedad en su conjunto y no para el beneficio exclusivo de un individuo o grupo.

Autonomía y Derechos Humanos: Se debe garantizar que la IA no viole los derechos humanos fundamentales y que no tome decisiones que afecten la autonomía de las personas sin supervisión humana adecuada.

Desarrollo Responsable: Los desarrolladores y las organizaciones tienen la responsabilidad de garantizar que los sistemas de IA se diseñen y utilicen de manera ética y responsable.

Participación Pública: Involucrar a la sociedad en general en la toma de decisiones sobre cómo se utiliza la IA puede ayudar a garantizar que se aborden las preocupaciones y los intereses de diferentes grupos.

DESAFÍOS FUTUROS:

Actualización Continua: La regulación y la ética en torno a la IA deberán actualizarse regularmente para adaptarse a los avances tecnológicos y las nuevas aplicaciones.

Cooperación Internacional: Dada la naturaleza global de la IA, la cooperación internacional será importante para establecer estándares y regulaciones efectivas.

Desarrollo Ético desde el Diseño: Es fundamental que la ética se integre en todas las etapas del desarrollo de sistemas de IA, desde la concepción hasta la implementación y el despliegue.

Educación y Conciencia Pública: La educación sobre los principios éticos y las implicaciones de la IA es esencial para crear una sociedad informada y éticamente consciente.

En última instancia, la regulación y la ética en el uso de la IA buscan equilibrar la innovación tecnológica con la protección de los derechos y valores fundamentales de las personas y la sociedad en general.

La Responsabilidad del Estado en la Protección de los Derechos Laborales

1. Garantizar la legislación adecuada: Los gobiernos deben establecer y mantener leyes y regulaciones laborales actualizadas que aborden el impacto de la IA en el lugar de trabajo. Esto incluye la protección contra la discriminación algorítmica, la promoción de la transparencia en los procesos de toma de decisiones automatizados y la garantía de la seguridad y salud en el trabajo en un entorno de IA.

2. Supervisar y regular las tecnologías de IA: Los gobiernos tienen la responsabilidad de supervisar y regular las tecnologías de IA para garantizar que cumplan con los estándares éticos y legales en el ámbito laboral. Esto puede implicar la creación de agencias o comisiones especializadas encargadas de la supervisión de la implementación y el uso de la IA en el ámbito laboral.

3. Fomentar la formación y adaptación laboral: A medida que la IA cambia la naturaleza de muchos trabajos, es importante que el Estado promueva la formación y la educación continua para que los trabajadores puedan adquirir las habilidades necesarias para trabajar con tecnologías de IA o para transicionar hacia nuevos roles.

4. Promover la igualdad de acceso y oportunidades: Es importante que el Estado se asegure de que la implementación de tecnologías de IA no amplíe las brechas de desigualdad en el ámbito laboral. Esto puede incluir políticas para garantizar el acceso a la formación en tecnología, así como medidas para prevenir la discriminación algorítmica.

5. Establecer estándares de ética y responsabilidad en IA: Los gobiernos pueden desempeñar un papel importante en la promoción de prácticas éticas y responsables en el desarrollo y uso de tecnologías de IA. Esto puede incluir la promoción de códigos de conducta, estándares de transparencia y auditorías éticas.

6. Facilitar la colaboración entre el sector público y privado: El Estado puede promover la colaboración entre empresas, organizaciones sin fines de lucro y la sociedad civil para abordar los desafíos y oportunidades relacionados con la IA en el ámbito laboral.

La responsabilidad del Estado en la protección de los derechos laborales en el contexto de la IA implica la creación y aplicación de leyes y regulaciones actualizadas, la supervisión y regulación de las tecnologías de IA, la promoción de la formación y adaptación laboral, la garantía de la igualdad de acceso y oportunidades, la promoción de estándares éticos y la facilitación de la colaboración entre los diferentes actores involucrados.

Escenarios Futuros: Trabajos, Empresas y Economía en el 2050

El futuro del trabajo, las empresas y la economía en el 2050 está sujeto a una serie de incertidumbres y posibles escenarios que pueden ser influenciados por avances tecnológicos, cambios demográficos y tendencias socioeconómicas. Toquemos algunos puntos importantes:

AUTOMATIZACIÓN Y ROBÓTICA AVANZADA:

- **Trabajos Automatizados:** La automatización habrá avanzado significativamente en 2050. Muchos trabajos rutinarios y repetitivos serán realizados por robots y sistemas de inteligencia artificial.

- **Nuevos Trabajos:** Surgirán trabajos en el diseño, mantenimiento y programación de robots y sistemas autónomos.

ECONOMÍA BASADA EN LA INTELIGENCIA ARTIFICIAL:

- **IA y Big Data:** Las empresas estarán altamente impulsadas por la inteligencia artificial y el análisis de grandes volúmenes de datos para tomar decisiones comerciales precisas y eficaces.

ECONOMÍA VERDE Y SOSTENIBLE:

- **Energía Renovable:** La economía estará cada vez más enfocada en fuentes de energía renovable y tecnologías limpias para abordar el cambio climático.

- **Nuevas Industrias Sostenibles:** Se desarrollarán nuevas industrias en torno a la gestión de residuos, reciclaje y soluciones ecoamigables.

TRABAJOS DEL CONOCIMIENTO Y CREATIVIDAD:

- **Creatividad y Habilidades Analíticas:** La creatividad, la resolución de problemas y las habilidades analíticas serán altamente valoradas. Los trabajadores necesitarán ser adaptables y aprender de manera continua.

- **Educación y Formación Permanente:** La educación continuada y el desarrollo de habilidades serán esenciales para mantenerse relevantes en el mercado laboral.

TRABAJO REMOTO Y COLABORACIÓN VIRTUAL:

- Tecnología de Comunicación Avanzada: La comunicación virtual será la norma. Las empresas estarán altamente conectadas globalmente, lo que permitirá a los empleados trabajar desde cualquier lugar.

DESAFÍOS DE INCLUSIÓN Y DESIGUALDAD:

- **Brecha Tecnológica:** La brecha digital puede persistir, lo que podría crear desafíos para aquellos que no tienen acceso a la tecnología o no están capacitados para utilizarla.
- **Desigualdad Económica:** La disparidad entre ricos y pobres puede persistir o incluso ampliarse, lo que podría requerir políticas de redistribución de la riqueza más efectivas.

SALUD Y BIENESTAR EN EL TRABAJO:

- **Enfoque en el Bienestar:** Las empresas pueden priorizar la salud física y mental de los empleados, ofreciendo beneficios como programas de bienestar, flexibilidad laboral y apoyo emocional.

NUEVOS MODELOS DE NEGOCIO:

- **Economía de la Compartición:** Modelos de negocio basados en el intercambio y la economía colaborativa podrían ser predominantes.
- **Empresas de Propósito:** Las empresas con un fuerte enfoque en el propósito y la responsabilidad social podrían ganar popularidad.

REGULACIONES Y ÉTICA:

- **Regulaciones Tecnológicas:** Es probable que existan regulaciones estrictas en torno a la privacidad de datos, la ética de la inteligencia artificial y la responsabilidad corporativa.

CAMBIO DEMOGRÁFICO Y MERCADOS EMERGENTES:

- **Envejecimiento de la Población:** El envejecimiento de la población puede cambiar la dinámica del mercado laboral y la demanda de productos y servicios.

- **Mercados en Crecimiento:** Economías emergentes pueden desempeñar un papel aún más significativo en el panorama económico global.

Estos escenarios son solo posibilidades y el futuro puede desarrollarse de formas que no se han anticipado. Las acciones tomadas a nivel individual, empresarial y gubernamental en los próximos años jugarán un papel importante en la determinación de cómo se configura realmente el mundo en el 2050.

La Coexistencia entre Humanos y Máquinas en el Mundo Laboral

Con el avance de la tecnología, la automatización y la inteligencia artificial están transformando la forma en que trabajamos.

Aunque la automatización puede realizar muchas tareas rutinarias de manera más eficiente que los humanos, también puede liberar a los trabajadores de tareas repetitivas y permitirles centrarse en actividades que requieran habilidades humanas como creatividad, empatía y toma de decisiones complejas.

La adopción de tecnologías avanzadas implica la necesidad de que los trabajadores adquieran nuevas habilidades. La formación continua y el desarrollo profesional son esenciales para que los empleados puedan adaptarse a las nuevas demandas laborales.

Las tecnologías pueden ser herramientas valiosas para mejorar la productividad y la calidad del trabajo humano. Por ejemplo, la inteligencia artificial puede ayudar en la toma de decisiones proporcionando análisis de datos detallados y recomendaciones.

A medida que las máquinas desempeñan un papel más importante en el entorno laboral, es crucial establecer estándares éticos y políticas claras para garantizar una colaboración justa y equitativa entre humanos y máquinas.

La automatización puede llevar a la pérdida de ciertos empleos, lo que plantea preocupaciones sobre el desempleo y la desigualdad económica. Es importante abordar estos problemas a través de políticas que fomenten la redistribución de la riqueza y la inclusión laboral.

Las habilidades humanas como la creatividad, la innovación y la resolución de problemas complejos son difíciles de replicar por las máquinas. Estas capacidades siguen siendo esenciales y pueden incluso ser más valoradas en un entorno laboral impulsado por la tecnología.

La coexistencia exitosa implica que humanos y máquinas trabajen juntos de manera efectiva. Esto puede requerir cambios en la cultura organizacional y en la forma en que se estructuran los equipos de trabajo.

A medida que las tecnologías avanzan, es crucial abordar preocupaciones sobre la seguridad y la privacidad de la información, especialmente cuando se trata de datos sensibles.

En última instancia, la coexistencia entre humanos y máquinas en el mundo laboral es un desafío complejo, pero también una oportunidad para mejorar la productividad, la calidad de vida y el crecimiento económico. Requiere una planificación estratégica, inversión en formación y una consideración cuidadosa de los aspectos éticos y sociales.

Nuevos Modelos de Bienestar y Seguridad Social

Hoy en día, se están transformando la forma en que se proporcionan y administran los servicios sociales. La IA ofrece una serie de herramientas y capacidades que pueden mejorar la eficiencia, la personalización y la eficacia de los sistemas de bienestar y seguridad social.

- **Automatización y Procesos Eficientes:** La IA puede automatizar una serie de tareas administrativas, como el procesamiento de solicitudes, la verificación de documentos y la asignación de beneficios. Esto libera tiempo y recursos para que los profesionales se enfoquen en brindar un apoyo más directo a los beneficiarios.
- **Detección y Prevención de Fraude:** Los algoritmos de IA pueden analizar grandes conjuntos de datos para identificar patrones de fraude y actividades sospechosas. Esto ayuda a prevenir el desvío de recursos y garantiza que los beneficios lleguen a quienes realmente los necesitan.
- **Personalización de Servicios:** La IA puede analizar datos individuales y proporcionar recomendaciones y servicios personalizados a los beneficiarios. Por ejemplo, en el ámbito de la salud, puede ayudar a diseñar planes de atención adaptados a las necesidades específicas de cada persona.
- **Predicción y Prevención de Crisis:** Los modelos de IA pueden analizar datos de salud y comportamiento para prever crisis o situaciones de emergencia, permitiendo una intervención temprana y la asignación de recursos de manera más efectiva.
- **Asesoramiento y Orientación Virtual:** Los chatbots y asistentes virtuales basados en IA pueden proporcionar

orientación y respuestas a preguntas comunes sobre beneficios y servicios sociales. Esto puede mejorar la accesibilidad y la disponibilidad de información.

- **Formación y Desarrollo de Habilidades:** La IA puede personalizar programas de formación y desarrollo de habilidades para ayudar a las personas a adquirir las capacidades necesarias para integrarse en el mercado laboral.
- **Análisis de Sentimiento y Bienestar Emocional:** La IA puede analizar texto y voz para evaluar el bienestar emocional de los beneficiarios y proporcionar recomendaciones sobre intervenciones o apoyos adicionales.
- **Optimización de Recursos y Presupuestos:** La IA puede ayudar a los responsables de la toma de decisiones a asignar recursos de manera más eficiente, identificando áreas de mayor necesidad y evaluando el impacto de las intervenciones.
- **Acceso a la Información en Tiempo Real:** Los sistemas de IA pueden proporcionar información actualizada sobre beneficios, programas y recursos disponibles, lo que facilita a los beneficiarios acceder a los servicios que necesitan.

Es importante señalar que, si bien la IA tiene el potencial de mejorar significativamente los sistemas de bienestar y seguridad social, también plantea desafíos éticos y de privacidad que deben ser considerados cuidadosamente. La transparencia, la equidad y la protección de la privacidad son aspectos cruciales a tener en cuenta al implementar soluciones basadas en IA en este contexto.

Balance entre Avances Tecnológicos y Valores Humanos

Ambos aspectos son fundamentales para el progreso y el bienestar humano, pero a veces pueden entrar en conflicto.

Hay que tomar ciertas consideraciones para encontrar un equilibrio adecuado:

- **Valores Humanos como Cimiento:** Los valores como la empatía, la compasión, la ética y la solidaridad forman la base de una sociedad justa y equitativa. Estos valores deben guiar el desarrollo y la implementación de tecnologías para asegurarse de que no socaven la dignidad y el bienestar de las personas.
- **Desarrollo Sostenible:** La tecnología debe ser desarrollada y utilizada de manera sostenible, considerando su impacto en el medio ambiente y en las futuras generaciones. Esto incluye la gestión responsable de recursos naturales y la minimización de la generación de residuos.
- **Participación y Democracia:** Es importante que la toma de decisiones sobre avances tecnológicos sea inclusiva y democrática. Esto significa que no solo debe ser impulsada por empresas o entidades gubernamentales, sino que también debe involucrar a la sociedad en su conjunto para evitar monopolios o decisiones que no representen los intereses de la mayoría.
- **Acceso Universal:** Los avances tecnológicos deben ser accesibles para todos, independientemente de su nivel socioeconómico, ubicación geográfica o habilidades. Esto implica evitar la exclusión digital y garantizar que los beneficios de la tecnología lleguen a toda la sociedad.
- **Ética en la Inteligencia Artificial y la Automatización:** La IA y la automatización deben ser desarrolladas y utilizadas con responsabilidad ética. Esto incluye evitar la discriminación

algorítmica, garantizar la transparencia y la rendición de cuentas, y establecer límites claros sobre su uso en situaciones críticas.

- **Preservación de la Cultura y la Identidad:** A medida que la tecnología avanza, es importante preservar las diversas culturas y tradiciones humanas. La tecnología no debe erosionar la diversidad cultural, sino que debe ser utilizada para preservar y enriquecer la herencia cultural de la humanidad.
- **Equidad en la Educación Tecnológica:** Es crucial que la educación y la formación en tecnología sean accesibles para todos, de modo que las personas tengan la capacidad de comprender y aprovechar al máximo los avances tecnológicos.
- **Responsabilidad Corporativa:** Las empresas y organizaciones que desarrollan tecnología tienen la responsabilidad de considerar el impacto social y ético de sus productos y servicios. Deben ser transparentes sobre cómo se recopilan y utilizan los datos, y deben tomar medidas para mitigar cualquier efecto negativo.

En última instancia, el equilibrio entre avances tecnológicos y valores humanos requiere un enfoque multidisciplinario y colaborativo que involucre a la sociedad en su conjunto, incluidos gobiernos, empresas, académicos y ciudadanos. Esto garantizará que la tecnología se desarrolle y utilice de manera que promueva el bienestar y la prosperidad de todos.

El Papel de la Empatía y la Conexión Humana en un Mundo Digital

A medida que la tecnología continúa avanzando y se integra en todos los aspectos de nuestras vidas, es esencial recordar la importancia de mantener y fomentar relaciones significativas entre las personas.

Conexión Auténtica: Aunque la tecnología nos permite conectarnos con personas de todo el mundo, a menudo es a través de una pantalla. Esto puede llevar a una disminución de la autenticidad y la profundidad en las relaciones. La empatía y la conexión humana se vuelven fundamentales para mantener relaciones auténticas y significativas.

Comunicación No Verbal: Gran parte de la comunicación humana se basa en señales no verbales, como expresiones faciales, lenguaje corporal y tono de voz. En un mundo digital, estas señales pueden perderse o malinterpretarse. Es importante ser consciente de esto y esforzarse por comprender el contexto y las emociones detrás de las palabras escritas.

Empatía Digital: La empatía no se limita a las interacciones cara a cara. En el mundo digital, la empatía implica ser consciente de las experiencias y sentimientos de las personas a través de las plataformas en línea. Esto puede significar ser comprensivo ante las diferentes perspectivas y situaciones que enfrentan las personas en línea.

Cultivar Relaciones Significativas: A pesar de la distancia física, es crucial invertir tiempo y esfuerzo en cultivar relaciones significativas en línea. Esto puede lograrse a través de la comunicación regular, mostrando interés genuino en la vida y las preocupaciones de los demás, y ofreciendo apoyo cuando sea necesario.

Evitar la Despersonalización: En un mundo digital, es fácil olvidar que detrás de cada pantalla hay una persona con sentimientos y experiencias únicas. Es esencial recordar que las interacciones en línea tienen un impacto real en la vida de las personas y tratar a los demás con respeto y consideración.

Utilizar la Tecnología como Herramienta para la Conexión: Aunque la tecnología puede ser una barrera para la empatía y la conexión humana, también puede ser una poderosa herramienta para facilitarlas. Las redes sociales, las plataformas de mensajería y las videoconferencias pueden utilizarse de manera efectiva para mantener y fortalecer relaciones.

Practicar la Escucha Activa: La empatía implica escuchar activamente a los demás y tratar de comprender sus puntos de vista y sentimientos. En un mundo digital, esto significa prestar atención a lo que las personas están expresando en línea y responder de una manera que demuestre comprensión y apoyo.

A medida que el mundo se vuelve cada vez más digital, la empatía y la conexión humana son fundamentales para mantener relaciones auténticas y significativas. Es importante recordar que detrás de cada pantalla hay una persona con sus propias experiencias y emociones, y tratar a los demás con empatía y respeto es esencial para cultivar relaciones saludables en el mundo digital.

El Camino hacia una Economía Sostenible e Inclusiva

Esto implica la adopción de políticas y prácticas que equilibren el crecimiento económico con la protección del medio ambiente y la promoción de la equidad social. Este enfoque reconoce que el bienestar de las personas está intrínsecamente ligado a la salud del planeta y a la justicia social.

Estrategias clave para avanzar hacia una economía sostenible e inclusiva:

- **Transición hacia energías renovables:** Promover la adopción de fuentes de energía limpias y renovables, como la solar, eólica y geotérmica, y reducir la dependencia de los combustibles fósiles. Esto no solo reduce la contaminación y las emisiones de gases de efecto invernadero, sino que también impulsa la innovación y la creación de empleos en el sector de energías renovables.
- **Eficiencia energética:** Fomentar la eficiencia en el uso de recursos energéticos en todos los sectores, desde la industria hasta los hogares. Esto incluye la promoción de edificaciones sostenibles, transporte público eficiente y la adopción de tecnologías más limpias en la producción industrial.
- **Economía circular:** Promover un enfoque de economía circular donde los recursos se utilizan y reutilizan de manera eficiente. Esto implica reducir la generación de residuos, fomentar el reciclaje y la reutilización, y repensar los modelos de producción y consumo.
- **Inclusión financiera y desarrollo económico local:** Facilitar el acceso a servicios financieros y apoyar el desarrollo de pequeñas y medianas empresas (PYMEs) y emprendimientos locales. Esto puede ayudar a distribuir de manera más

equitativa los beneficios económicos y reducir la desigualdad.

- **Educación y capacitación:** Invertir en la formación y capacitación de la fuerza laboral en habilidades relevantes para una economía sostenible. Esto incluye áreas como la tecnología verde, la gestión ambiental y las energías renovables.
- **Protección del medio ambiente y biodiversidad:** Implementar políticas y regulaciones que protejan los ecosistemas y la biodiversidad. Esto incluye la conservación de áreas naturales, la gestión sostenible de recursos naturales y la promoción de prácticas agrícolas y forestales sostenibles.
- **Inclusión social y equidad de género:** Promover políticas y programas que reduzcan la discriminación y promuevan la equidad de género y la inclusión de grupos marginados en el desarrollo económico.
- **Medición y reporte de impacto:** Desarrollar métricas y sistemas de reporte que permitan evaluar el desempeño económico, ambiental y social de las organizaciones y los proyectos. Esto ayuda a garantizar la transparencia y la rendición de cuentas.
- **Participación y colaboración:** Fomentar la colaboración entre gobiernos, empresas, organizaciones sin fines de lucro y la sociedad civil para abordar los desafíos económicos, sociales y ambientales de manera conjunta.
- **Innovación y tecnología:** Promover la investigación y desarrollo de tecnologías limpias y sostenibles que impulsen la transición hacia una economía más verde y equitativa.

Es importante recordar que la transición hacia una economía sostenible e inclusiva es un proceso continuo que requiere el compromiso y la colaboración de diversos actores en la sociedad.

Además, cada país y comunidad puede adaptar estas estrategias según sus necesidades y contextos específicos.

Recapitulación de los Principales Temas y Conclusiones

APRENDIZAJE AUTOMÁTICO Y APRENDIZAJE PROFUNDO:

- El aprendizaje automático es una rama de la IA que se enfoca en enseñar a las máquinas a aprender patrones a partir de datos.
- El aprendizaje profundo, una subcategoría del aprendizaje automático, utiliza redes neuronales profundas para aprender representaciones jerárquicas de datos.

REDES NEURONALES CONVOLUCIONALES (CNNS) Y REDES NEURONALES RECURRENTES (RNNS):

- Las CNNs son especialmente buenas para el procesamiento de imágenes y video, mientras que las RNNs son efectivas para tareas de secuencia, como el procesamiento de texto y voz.

PROCESAMIENTO DE LENGUAJE NATURAL (PLN):

- Se refiere a la capacidad de las máquinas para entender y generar lenguaje humano de manera natural. Esto incluye tareas como traducción automática, resumen de texto, análisis de sentimientos y más.

VISIÓN POR COMPUTADORA:

- Implica la capacidad de las máquinas para interpretar y analizar imágenes y videos. Esto incluye reconocimiento de objetos, clasificación de imágenes, detección de rostros, entre otras aplicaciones.

IA EN LA MEDICINA Y LA SALUD:

- La IA se utiliza en diagnósticos médicos, predicción de enfermedades, análisis de imágenes médicas y personalización de tratamientos.

IA EN LA AUTOMATIZACIÓN Y ROBÓTICA:

- Los avances en IA han permitido el desarrollo de robots y sistemas autónomos capaces de realizar tareas complejas en entornos diversos.

ÉTICA Y RESPONSABILIDAD EN LA IA:

- A medida que la IA se integra más en la sociedad, surge la preocupación por cuestiones éticas, como la discriminación algorítmica, la privacidad y la transparencia.

INTERACCIÓN HUMANO-MÁQUINA:

- La interfaz entre humanos y máquinas se está volviendo cada vez más natural y conversacional, gracias a avances en procesamiento de lenguaje natural y tecnología de voz.

IA GENERAL Y AGI:

- La IA General (AGI) es un nivel de inteligencia artificial que iguala o supera la inteligencia humana en todos los aspectos cognitivos. Aunque aún no se ha alcanzado, es un objetivo de investigación importante.

APLICACIONES PRÁCTICAS:

- La IA tiene aplicaciones en una amplia gama de industrias, incluyendo finanzas, automotriz, marketing, juegos, educación y más.

DESAFÍOS Y LIMITACIONES:

- La IA enfrenta desafíos como la interpretabilidad de modelos, la falta de datos etiquetados y la necesidad de mejorar la robustez y la seguridad.

COLABORACIÓN HUMANO-MÁQUINA:

- La colaboración entre humanos y sistemas de IA es una tendencia creciente, donde las fortalezas de ambos se combinan para lograr resultados óptimos.

Es importante tener en cuenta que la IA es un campo en constante evolución. Te recomiendo consultar fuentes actualizadas para obtener información sobre los avances más recientes en el campo de la IA.

Acciones Recomendadas para Individuos y Empresas

La adopción de tecnologías de Inteligencia Artificial (IA) puede aportar muchos beneficios tanto a individuos como a empresas.

PARA INDIVIDUOS:

1. Formación y Educación Continua:

- Familiarízate con conceptos básicos de IA y aprende sobre sus aplicaciones en diferentes industrias.

- Considera tomar cursos en línea o asistir a talleres sobre IA y tecnologías relacionadas.

2. Desarrollo de Habilidades Técnicas:

- Si estás interesado en la programación, considera aprender lenguajes relevantes para la IA como Python y R.

- Familiarízate con herramientas y bibliotecas de IA populares como TensorFlow y PyTorch.

3. Exploración de Aplicaciones de IA en la Vida Diaria:

- Utiliza aplicaciones y servicios que integren IA, como asistentes virtuales (por ejemplo, Siri, Google Assistant) y filtros de recomendación en plataformas de streaming.

4. Gestión de Datos y Privacidad:

- Aprende sobre cómo proteger tus datos personales y comprende las políticas de privacidad de las aplicaciones y servicios que utilizas.

5. Participación en Comunidades y Foros:

- Únete a grupos en línea o asiste a eventos donde se discutan temas de IA. Esto te permitirá aprender de otros y estar al tanto de las últimas tendencias.

PARA EMPRESAS:

1. Evaluación de Casos de Uso de IA:

- Identifica áreas en tu empresa donde la IA puede aportar valor, como la automatización de procesos, análisis de datos o mejoras en la experiencia del cliente.

2. Desarrollo de una Estrategia de Implementación:

- Define objetivos claros y un plan para implementar la IA en tu empresa. Considera aspectos como la inversión necesaria, el retorno de inversión (ROI) esperado y los plazos.

3. Adquisición de Talento Especializado:

- Contrata o forma a profesionales con experiencia en IA. Esto puede incluir científicos de datos, ingenieros de machine learning y analistas de datos.

4. Recopilación y Gestión de Datos de Calidad:

- La calidad de los datos es crucial para el éxito de las aplicaciones de IA. Asegúrate de tener un proceso robusto para recopilar, limpiar y almacenar datos relevantes.

5. Ética y Transparencia en la IA:

- Establece políticas y prácticas que garanticen el uso ético de la IA, incluida la transparencia en el proceso de toma de decisiones de los algoritmos.

6. Pruebas y Validación Rigurosas:

- Antes de implementar soluciones de IA a gran escala, asegúrate de llevar a cabo pruebas exhaustivas para garantizar que funcionen de manera confiable y cumplan con los objetivos establecidos.

7. Seguimiento y Actualizaciones Constantes:

- La tecnología de IA está en constante evolución. Mantén un equipo o un proceso dedicado para seguir las últimas tendencias y actualizar tus soluciones de manera regular.

Recuerda que la implementación de IA debe ser un proceso cuidadoso y bien planificado, teniendo en cuenta los objetivos y recursos disponibles. Además, siempre se debe abordar de manera ética y considerar el impacto en la sociedad y el medio ambiente.

Perspectivas Finales y Llamado a la Acción

PERSPECTIVAS FINALES SOBRE LA IA:

1. Potencial Transformador: La IA tiene el potencial de transformar numerosos aspectos de nuestra sociedad y economía. Desde la medicina hasta la industria manufacturera, la IA está revolucionando cómo abordamos problemas complejos.

2. Desarrollo Ético: A medida que la IA se vuelve más omnipresente, la ética en su desarrollo y uso es de suma importancia. Es crucial garantizar que la IA se utilice para el bien común y no para causar daño o perpetuar prejuicios.

3. Nuevas Oportunidades y Desafíos Laborales: La automatización a través de la IA cambiará la naturaleza de muchos trabajos. Esto significa que debemos prepararnos para nuevas formas de empleo y capacitación para las habilidades del futuro.

4. Derechos y Privacidad: La protección de los datos y la privacidad se vuelve aún más crucial en un mundo impulsado por la IA. Las regulaciones y prácticas adecuadas son esenciales para garantizar que los individuos no sean objeto de vigilancia no deseada.

LLAMADO A LA ACCIÓN:

1. Educación y Formación Continua: Fomentar la educación en ciencia de datos y habilidades relacionadas con la IA es esencial para preparar a las generaciones futuras. La formación continua también es crucial para profesionales que buscan adaptarse a este cambio tecnológico.

2. Participación Activa en la Ética de la IA: Involucrarse en la discusión y promoción de prácticas éticas en el desarrollo y uso de la IA es un deber cívico. Esto puede incluir el apoyo a organizaciones y políticas que abogan por la ética en la IA.

3. Apoyo a la Investigación Responsable: Apoyar a investigadores y organizaciones que trabajan en el desarrollo de IA responsable y segura es esencial para garantizar que esta tecnología beneficie a la sociedad en su conjunto.

4. Promoción de la Diversidad e Inclusión: Fomentar la diversidad en la industria de la tecnología es fundamental para evitar la creación de sistemas sesgados. La inclusión de diversas perspectivas es crucial para desarrollar IA que sirva a toda la sociedad.

5. Participación Cívica y Política: Los ciudadanos deben participar activamente en el proceso de regulación y políticas relacionadas con la IA. Esto asegurará que las decisiones tomadas reflejen los intereses y valores de la sociedad en general.

La IA es una herramienta poderosa que puede ser utilizada para mejorar la calidad de vida de las personas en todo el mundo. Sin embargo, su desarrollo y despliegue deben ser gestionados con responsabilidad y ética. Cada individuo tiene un papel que desempeñar en dar forma a cómo la IA impacta en nuestra sociedad.

Hacia un Futuro de Prosperidad y Equidad en la Era de la IA

La llegada de la Inteligencia Artificial (IA) marca un hito en la historia de la humanidad, prometiendo transformar la manera en que vivimos, trabajamos y nos relacionamos. Sin embargo, para garantizar un futuro de prosperidad y equidad en esta era, es esencial abordar una serie de desafíos cruciales.

- **Educación y Formación Continua:** La educación es la piedra angular para preparar a las personas para la era de la IA. Esto implica no solo dotar a las nuevas generaciones con habilidades técnicas, sino también fomentar habilidades como el pensamiento crítico, la resolución de problemas y la creatividad. Además, la formación continua a lo largo de la vida laboral será esencial para adaptarse a los cambios tecnológicos.
- **Acceso Universal a la Tecnología:** Es fundamental garantizar que la tecnología y las oportunidades que brinda la IA estén al alcance de todos. Esto incluye asegurar la conectividad a internet en áreas rurales y comunidades marginadas, así como proporcionar acceso a herramientas y recursos tecnológicos.
- **Regulación y Ética:** La IA debe ser desarrollada y utilizada de manera ética y responsable. Se necesitan regulaciones que guíen su implementación en sectores como la salud, la educación y la justicia, y que protejan la privacidad y los derechos de las personas. Además, es crucial evitar la discriminación y el sesgo algorítmico.
- **Inclusión y Diversidad:** Para lograr la equidad en la era de la IA, es esencial promover la inclusión y la diversidad en la industria tecnológica. Esto implica fomentar la participación de mujeres, minorías étnicas y otros grupos subrepresentados

en la creación y desarrollo de tecnología.

- **Fomentar la Innovación Social:** La IA puede ser una poderosa herramienta para abordar desafíos sociales como la atención médica, la educación y la sostenibilidad ambiental. Es necesario apoyar la investigación y la innovación que se centren en el bienestar y el beneficio de la sociedad en su conjunto.
- **Adaptabilidad y Flexibilidad Laboral:** La automatización y la IA cambiarán la naturaleza del trabajo. Las sociedades deben estar preparadas para redefinir roles y proporcionar opciones de reconversión laboral para aquellos cuyos trabajos sean desplazados por la tecnología.
- **Transparencia y Rendición de Cuentas:** Las empresas y organizaciones que desarrollan y utilizan tecnologías de IA deben ser transparentes sobre cómo se utilizan y los impactos que tienen en la sociedad. La rendición de cuentas es esencial para construir la confianza y asegurar que la tecnología se utilice para el bien común.
- **Colaboración Global:** Los desafíos y oportunidades de la IA trascienden las fronteras nacionales. La cooperación internacional es esencial para establecer estándares comunes, compartir conocimientos y abordar problemas globales como la ciberseguridad y la ética en la IA.

Para construir un futuro de prosperidad y equidad en la era de la IA, es esencial combinar la innovación tecnológica con políticas y prácticas que prioricen el bienestar y la inclusión de toda la sociedad. La colaboración entre gobiernos, empresas, instituciones educativas y la sociedad civil será fundamental para lograr este objetivo.

Por último

Es evidente que nos encontramos en un momento crucial de la historia económica. La irrupción de la Inteligencia Artificial está redefiniendo no solo la forma en que trabajamos, sino también la manera en que debemos prepararnos para el futuro. Este libro proporciona una guía esencial para comprender y navegar por este paisaje en constante evolución. Invito a los lectores a compartir sus reflexiones y experiencias, y a brindar su valiosa calificación para que esta obra pueda seguir siendo una herramienta valiosa en tiempos de transformación económica.

Don't miss out!

Visit the website below and you can sign up to receive emails whenever Daniel Senior publishes a new book. There's no charge and no obligation.

https://books2read.com/r/B-A-MWAV-INVQC

Connecting independent readers to independent writers.

Did you love *Transformación de la economía y empleo, cómo la ia está cambiando la dinámica laboral y adaptación de las personas a este nuevo entorno económico*? Then you should read *Ética y moralidad en la inteligencia artificial, explorar preguntas éticas complejas en un mundo cada vez más impulsado por la ia*[1] by Daniel Senior!

[2]

¿Qué responsabilidades tenemos hacia las máquinas que creamos y que toman decisiones por sí mismas? *"Ética y Moralidad en la Inteligencia Artificial"* te invita a adentrarte en un viaje intelectual fascinante, explorando las complejas cuestiones éticas que surgen en **un mundo impulsado por la IA.**

Desde la toma de decisiones autónoma hasta **la privacidad y la justicia algorítmica,** este libro ofrece una profunda reflexión sobre cómo la Inteligencia Artificial está transformando nuestra sociedad y

1. https://books2read.com/u/3Ld99J

2. https://books2read.com/u/3Ld99J

plantea preguntas cruciales sobre el papel de la humanidad en esta **nueva era tecnológica.**

A través de una narrativa accesible y ejemplos cautivadores, este texto se convierte en una guía esencial para profesionales de la tecnología, filósofos y cualquier persona interesada en **el impacto de la IA en nuestro mundo.** Prepárate para desafiar tus concepciones y descubrir cómo podemos forjar un futuro ético y moral en un entorno cada vez más digitalizado.

"Ética y Moralidad en la Inteligencia Artificial" es una obra imprescindible para quienes buscan comprender y afrontar las complejidades éticas que surgen en la intersección entre la tecnología y la humanidad. No solo te proporciona respuestas, sino que te anima a participar activamente en la conversación que definirá el curso de nuestra relación con la IA. ¡No te pierdas esta oportunidad de expandir tu perspectiva y contribuir a un mundo digital más ético y humano!

¡NECESITAS ESTE LIBRO EN TU VIDA!

Also by Daniel Senior

Autoayuda y crecimiento personal.
Secretos sobre la negociación de la deuda y la protección de sus derechos.

Inteligencia Artificial
Ética y moralidad en la inteligencia artificial, explorar preguntas éticas complejas en un mundo cada vez más impulsado por la ia
Transformación de la economía y empleo, cómo la ia está cambiando la dinámica laboral y adaptación de las personas a este nuevo entorno económico

Standalone
Calentamiento global, lo que nos dice la ciencia del clima, lo que no dice y la importancia de nuestro aporte.
Astronomía, explorando el cosmo
Marfil, uso, historia, procesos y más
El reciclaje
Historia de las artes teatrales
Subastas de arte
Cirugía lasik

Autoresponder
Desconéctate para conectar, cómo cultivar tu bienestar en la era digital
Revolución verde, un viaje hacia la sostenibilidad en la era del cambio climático
Creer y crear, el poder transformador de la acción
Apocalipsis verde, despierta, el planeta se asfixia
Fuego voraz, la guerra global contra los incendios forestales y el renacimiento de la naturaleza
Conquista tu audiencia, consejos y estrategias para influencers exitosos
Sombras de guerra Ucrania y Rusia en el conflicto moderno

Milton Keynes UK
Ingram Content Group UK Ltd.
UKHW020625291123
433416UK00016B/1047